生 态 卫 生

——原则、方法和应用

（原著第二版）

[瑞典] 雨诺·温布拉特 梅林·辛普生－赫勃特 主编

朱强 肖钧 译

中国建筑工业出版社

著作权合同登记图字：01－2006－2619号

图书在版编目（CIP）数据

生态卫生——原则、方法和应用（原著第二版）/（瑞典）雨诺·温布拉特，梅林·辛普生－赫勃特主编；朱强，肖钧译．—北京：中国建筑工业出版社，2006
ISBN 7-112-08246-3

Ⅰ.生…　Ⅱ.①雨…②梅…③朱…④肖…　Ⅲ.生态卫生－研究　Ⅳ.TU993.9

中国版本图书馆CIP数据核字（2006）第034220号

责任编辑：石枫华　姚荣华
责任设计：郑秋菊
责任校对：张树梅　王金珠

生　态　卫　生
——原则、方法和应用
（原著第二版）
［瑞典］雨诺·温布拉特　梅林·辛普生－赫勃特　主编
朱强　肖钧　译
*
中国建筑工业出版社出版、发行（北京西郊百万庄）
新　华　书　店　经　销
北京建筑工业印刷厂印刷
*
开本：787×1092毫米　1/16　印张：9½　字数：140千字
2006年5月第一版　2006年11月第二次印刷
印数：2,501—3,700册　定价：**30.00**元
ISBN 7-112-08246-3
(14200)

（邮政编码 100037）
本社网址:http://www.cabp.com.cn
网上书店:http://www.china-building.com.cn

生 态 卫 生

——原则、方法和应用

（原著第二版）

主编

雨诺·温布拉特

梅林·辛普生－赫勃特

2004年英文版合著者

Paul Calvert

Peter Morgan

Arno Rosemarin

Ron Sawyer

Jun Xiao

2004年英文版第6章顾问

Peter Riddelstolpe

1998年英文版合著者

Steven A. Esrey

Jean Gough

Dave Rapaport

Ron Sawyer

Mayling Simpson-Hébert

Jorge Vargas

Uno Winblad

斯德哥尔摩国际环境研究院

为本书绘制和提供插图者

Cesar Añorve（图 4-5）
Harry Edstrom（图 3-25）
Peter Morgan（图 2-3，图 2-6，图 2-7）
Hans Mårtensson（图 1-1～图 1-3，图 2-2，图 2-4，图 2-5，图 3-4~图 3-11，图 3-13~图 3-15，图 3-17~图 3-22，图 3-24，图 3-26~图 3-28，图 4-1，图 4-3~图 4-4，图 4-6~图 4-11，图 5-1～图 5-3，图 6-1，图 6-4，图 8-1~图 8-6，图 8-8，图 8-9）
Kjell Torstensson（图 3-2，图 3-3，图 3-12，图 3-16，图 3-23，图 4-2）
Uno Winblad（图 1-4，图 2-1，图 8-7，封底照片）

前　言

瑞典国际发展合作署（Sida）长期以来有一个承诺，要在发展水和卫生事业上为全体民众服务。Sida很早就认识到世界上的许多地方，缺水和缺乏资金是阻碍进步的主要原因中的两个。因此，在20世纪90年代初，Sida支持了一个新的行动，为应对这方面的挑战而进行新思考和发展新理念。卫生方面新的方法就是要发展一种可以节省水、防止水污染和循环再利用人粪便中的养分的新系统。这些新方法还应能节省和优化资金的使用，资金对于全世界许多都市、城镇和政府部门来讲，都是很短缺的。我们的想法是要寻找对生态有利、能在防止与水有关疾病流行的同时又能改善环境的方法。今天，这种方法称之为“生态卫生”。

瑞典所以用它的资源来支持这种努力，是因为它作为一个水资源丰富的国家，曾经发生过淡水和海水的污染。在20世纪60年代初，瑞典的研究人员、发明家和规划工作者对为防止这种污染的卫生方面的新方法进行了探索。最初形成的思路看起来是可行的，并激发了进一步研究和开发可持续系统的兴趣。这些思路和经验可能会得到进一步的发展，并和其他国家共享。其他国家的思路和经验也可能在更广阔的合作中进行交流。

这本书叙述了过去10多年来，由Sida资助的生态卫生方面的研究和开发成果。我们感谢这一有奉献精神的专家群体写作了此书。

从2000年起，联合国的千年目标以及它对于供水和卫生的要求，再次确认了开发组织和像Sida这样的机构应继续探索在卫生方面更多有效和可持续的方法。此书对于这种探索作出了贡献，并提供了已经实践检验过的方法。

我们希望这本书将激励各方面的行为人，如政府部门、非政府组织、私有单位、水公司、市政当局和个人来参与生态卫生系统方面的工作。它将适用于发达国家以及发展中国家，旨在推动不同的行为人把生态卫生系统纳入他们在水和卫生方面的所有活动。

本特·约翰逊（Bengt Johansson）
水资源处处长
自然资源和环境部
瑞典国际开发合作署（Sida）
斯德哥尔摩，2004年7月

译者序

我怀着十分愉快的心情把这本书介绍给我国的读者，特别是那些关心环境、卫生和可持续发展问题的人们。生态卫生方法是国际上一批工程师和科学家在20世纪70年代研究和开发的。它的目标是节约资源、不污染环境和使家庭生活中产生的废弃物循环再利用，最初主要应用于生态型厕所。这种厕所不用或基本不用水冲，对人的粪尿进行无害化处理并在农业中再利用，避免了环境污染和对人体健康的危害，而所需要的资金投入很低。因而不仅在许多发展中国家，而且在不少发达国家中也得到了较大发展。我国从20世纪90年代后期引进这种系统方法，到2004年，在农村中修建了约70万座生态厕所。

人类在进入新千年之际面临着一系列挑战。其中全球约11亿人没有安全水供应，有26亿人没有卫生厕所是其中的两个。随着人口增长，缺水和没有厕所的人数还会增加。联合国的新千年目标要求，到2015年，要使没有安全水供应和卫生厕所的人口减少一半。这是一个十分艰巨的任务。依靠常规水冲式卫生系统来达到这一目标，不仅资金问题难以解决，还加重了缺水困难而且修建水冲式厕所造成的对水体的污染问题将成为新的环境问题。生态卫生方法将为实现联合国千年目标提供有效的途径。

我国是一个水资源十分短缺的国家，人均占有的水资源仅为世界水平的1/4。在660多个城市中，缺水城市就有400个。随着今后人口增长和经济的高速发展，水资源短缺的矛盾将更加突出。我国环境污染的形势也十分令人担扰。约有2/3的城市污水没有得到完善处理，其中有160个城市的污水在排入水体前完全没有进行处理。农村和城市周边地区的卫生厕所也十分缺乏。在实现现代化的过程中，我国的城镇化将会高速发展。如何在建设新老城镇居民厕所的同时，又不过度加重城镇供水的负担和不进一步污染环境，将成为对今后城市建设的严峻挑战。推行生态卫生方法对实现我国全面建设小康社会的目标和建设资源节约型社会、发展循环经济的方针将能起到重要的作用。

这本书不仅对生态卫生方法的原理作了十分精辟而又通俗的论述，而且用大量实例，对如何运用生态卫生方法处理和再利用人居的主要五种废物流，即粪、尿、家庭污水（灰水）、可堆肥固体垃圾和不可堆肥固体垃圾进行了详细的介绍。书中对如何在社区中推动生态卫生的发展和进行社区化管理也作了介绍。本书图文并茂，是国际上关于生态卫生问题较为全面系统的专著。希望这本书的出版能对生态卫生方法在我国的发展有所裨益。

由于译者水平有限，书中的错误遗漏在所难免，希望读者不吝指教。

译者

于内蒙古鄂尔多斯市，2006年3月31日

致　谢

写作本书是一个集体努力的成果，这个集体包括了名字没有在封页上出现的许多同事。对所有朋友和同事的帮助，我们十分感激。我们要特别感谢瑞典国际发展合作署的英格瓦·安德逊（Ingvar Andersson）和本特·约翰逊（Bengt Johansson）对早期卫生研究计划（SanRes R&D）（1993～2001）以及目前生态卫生研究（EcoSanRes）计划（2002至今）的支持。

在全世界城市和乡村的社区内，负责实施生态卫生项目的每一个人在此领域里都起了关键的作用。除了在本书第一版中列举的人们外，我们深为感谢中国广西壮族自治区的李玲玲女士和林江先生，感谢他们卓越的工作和在北京的国家爱国卫生运动委员会和卫生部的支持。作为卫生研究（SanRes）计划的一部分，1997年至1998年在广西田阳县开展的一个70户的小型示范项目，现在已推广到17个省的685000户。

我们也感谢世界其他地方的政府和有关部门的官员对于生态卫生发展所作出的支持和推动。本书的第一版中，我们曾列举了他们的名字。从那以后，生态卫生在许多国家里的发展是如此迅速，以至于我们无法再一一列出一份完整的名单。

我们还要感谢史蒂夫·埃斯瑞（Steve Esrey）所作出的贡献。他在发展生态卫生的概念和编写本书第一版中起了重要的作用。2001年11月在中国南宁召开的第一届国际生态卫生大会上，我们这些在场的人们永远不能忘记他那激动人心的开幕词。那次他由于生病不能到会，并在一个月后不幸逝世。然而他为开幕式准备了一份带话音的、极其精彩的演示文件。这次南宁会议十分成功，其成果已包含在此书中。

本书是瑞典国际发展合作署委托进行的一项研究的成果。但是作者对本书中所表达的观点完全负责。

编者

斯德哥尔摩和亚的斯亚贝巴

2004年7月

目 录

第1章 引 言

1.1 挑战

这是一本有关未来卫生系统的书，那时世界上大多数人将居住在城镇中。未来25年中世界人口将可能达到80亿，其中城市人口50亿。在这80亿人中，半数以上将面临水短缺，而40%城镇人口将会居住在贫民窟内[1]。今天，在城镇和乡村，已经有上亿人没有完善的卫生设施。

有鉴于此，由一些规划工作者、建筑师、工程师、生态工作者、生物学家、农学家和社会科学家组成的国际团体，共同开发了一种卫生系统。它能够节约水，不会污染环境又能使人粪便中的营养成分回归土壤。我们称这种方法为“生态卫生”或简称“eco-san”。

卫生系统面临的全球性挑战是许多人没有厕所、简陋厕所对健康的不利影响、水短缺和水污染、食物不安全性、城市增长和当前卫生系统的弊端。

1．人们没有厕所

一个经常引用的数字是世界上总计约40%的人没有厕所[2]。如果目前的趋势继续下去，则这个数字还将会增加。

2．简陋厕所对健康的不利影响

每天几乎有6000名儿童死于与环境卫生、个人卫生状况不良引发的腹泻疾病[3]。世界范围内，约10亿人感染有蛔虫，其中多数是儿童，结果造成缺乏营养和发育不良[4]。这两类疾病是通过环境中的人粪便传播的。

3．水短缺

今天，许多地方在承受着长期缺乏淡水之苦，而对淡水的需求在过去50年内增加了2倍。到2030年世界上一半以上人口将面临水短缺[5]。现在中国660个城市中，近400个缺水，每年缺水量达60亿 m^3。[6]

4．水污染

从集中的水冲式收集系统的下水道中排出的污染物是全世界水污染的主要组成部分，目前世界上只有约3亿人的污水在排入水体前是经过了末端二级处理的（见2.4节）[7]。污染物还通过下水道、化粪池、坑式厕所、污水池等渗入地下水[8]。中国现在仍有约2/3的城市污水没有得到有效处理即排放，其中有160个城市污水在排入水体前基本没有进行处理[9]。

5．食物不安全性

在现今城市社会中，植物营养流是直线型的：作物从土壤中吸取营养，运输到市场上，被人们吃掉、排泄和废弃。在一个可持续社会中，生产食物必须建立在把植物营养回归土壤的基础上。使用化学肥料的生产不是可持续的，因为生产依靠的是非再生资源。

6．城市增长

在未来25年中，预计世界人口增长中的90%将发生在欠发达地区的城市内，这些地区的人口将增加20亿。中国的城镇化水平从1993年的28%增长到2004年的41.7%[9]，平均每年增加1.2%。当今50%城镇人口所居住的城市规模小于50万。较之大城市，这些小城市缺少卫生设施且卫生设施的发展缓慢。根据联合国人居计划（UN-Habitat），发达国家城市用于基础设施建设和其他城市社会服务的资金是最不发达国家城市的32倍[10]。

7．当前卫生设施的弊病

现今推行的卫生系统或者把人粪便埋入深坑（落下和储存），或者把它们冲走，在河流、湖泊和海洋中稀释（冲洗和排放）。

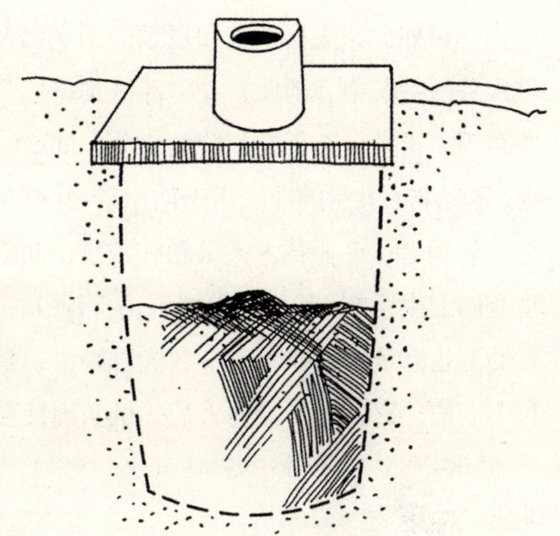

图 1-1 落下和储存。

图 1-1 所示为落下和储存系统。落下和储存系统简单而又廉价，但是存在许多缺陷。通常，它们根本不能用在人口拥挤地区或岩石地基上；不能用于地下水位高或经常有洪水泛滥的地方。这种系统需要有开阔的土地，每隔几年就要挖新坑。

图 1-2 所示为冲洗和排放系统。冲洗和排放系统需要大量水用于冲洗，同时许多城市无法支付管道系统和处理设施的投资。一年中，每个人排泄的 400～500L 尿和 50L 的粪要用 15000L 清洁水来冲洗。再加上洗浴、厨房和洗衣每个人还要用掉 15000～30000L 水。

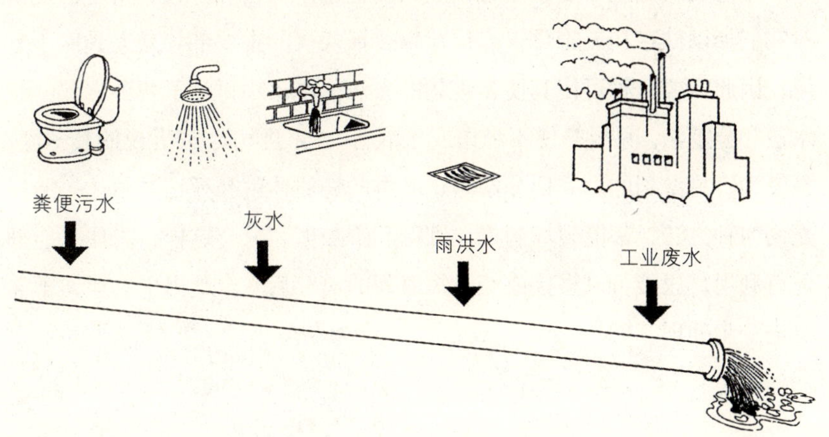

图 1-2 冲洗和排放。

不仅如此，来自街道和屋顶的雨水以及工业废水也常常进入城市的排水管网系统中。因此，在“冲洗加排放”过程中的每一步，污染的问题在不断扩大：真正有危险的成分，即50L的粪不仅污染了相对无害的尿，还污染了大量的冲洗用清洁水以及同等数量或甚至更多的生活污水。

管理者、专业技术人员和社区目前面临着两种选择：继续推广使用现有的卫生系统，其种种弊端则仍将延续，或者寻找全新的解决方法。现行的卫生系统方法对于大多数人群来讲，是不符合实际的、或者说是支付不起的。它们也不能为人们提供实现社会可持续发展的途径。

1.2 对策

生态卫生是建立在三个基本原则之上：防止污染而不是在污染之后再去治理；使尿和粪无害化；把安全的产物用于农业目的。这一方法可概括为“无害化加循环再利用”。

这一方法是一个循环过程 —— 一个可持续的封闭循环系统。它把人粪便看作资源。尿和粪就地储存和处理，必要时再在产地以外进一步处理，直至处理到没有致病生物为止。粪便中的营养成分循环再利用于农业。

生态厕所的基本要素是在恢复人排泄物中的营养并在利用它们之前对它们加以储存和无害化。人排泄物传播疾病的主要部分是人粪而不是尿，因此需要一种可使粪便无害化的方法。本书中讨论了两种方法：脱水法和分解法。只要粪便不和尿或水混合，它的脱水、或者说使其干燥，是较为容易做到的。粪便分解时，其中的病原体就会死亡并解体。所以无论何种方法，都能破坏病毒、细菌和蠕虫卵。只有这样，粪便才能循环再利用。尿液可以直接或经过短时间的储存后安全地用于农业，不需要进一步处理。

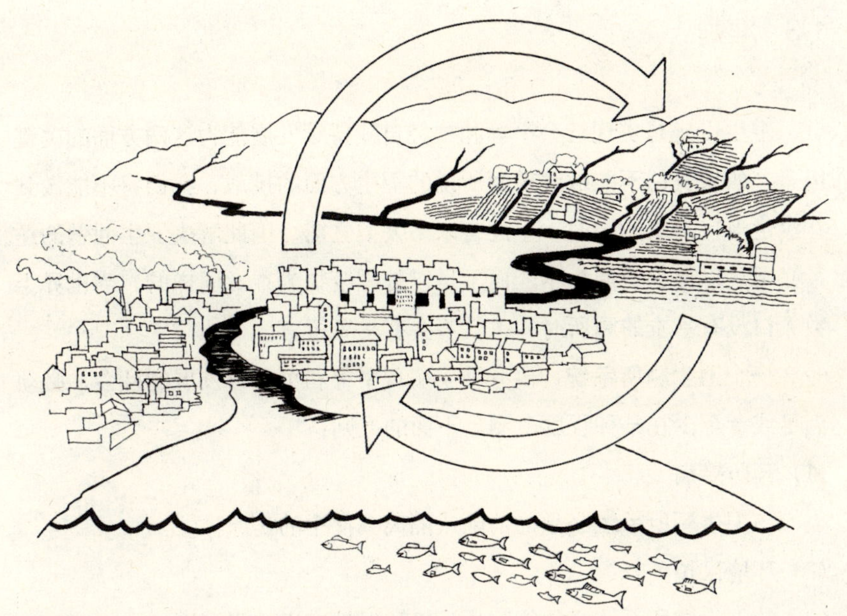

图1-3 生态卫生通过使人粪尿中的植物营养成分回归土壤来重现自然过程。人粪尿不是去污染环境，而是用于改善土壤结构和供应养分。

总起来说，生态卫生的主要特征是防止因人类排泄物造成的污染和疾病，把人粪尿作为资源而不是废物，并把这些养分加以恢复和循环再利用（图1-3）。自然界里，人畜的排泄物对形成健康的土壤和为植物提供有价值的养分起了关键的作用。常规方法将这些养分废弃了，使原本循环的过程变成为直线流。

框1-1 公共卫生的新革命[11]

"生态卫生可能成为一场公共卫生的新革命。20世纪中，我们曾目睹了几次公共卫生革命，包括了全球儿童接种疫苗、消灭天花、改善供水、提高粮食产量的绿色革命以及普及初级保健。但过去10年中，一个难以解决的公共卫生问题是全球有约一半人没有厕所。"

1.3 准则

卫生设施是实现社会平等和社会自我持续发展能力这两方面的关键因素。如果我们不能战胜前面所说的卫生方面的挑战，我们将不能做到在满足当代需求的同时，不危害未来人类之需。因此解决卫生问题的途径必须是以保护资源为本，而不是以处理废物为本。同样的，当世界半数人口没有基本的厕所时，也就不会有平等可言。

一个卫生厕所系统，要有助于实现平等和可持续发展的社会，必须满足或者至少在某种程度上满足下面的准则：

（1）**预防疾病**

该卫生厕所系统必须能消除或隔离粪便中的病原体。

（2）**环境保护**

该卫生厕所系统必须能防止污染和保护宝贵的水资源。

（3）**养分循环**

该卫生厕所系统必须能使养分回归土壤。

（4）**可承担得起**

该卫生厕所系统必须能让世界最贫困人群用得起。

（5）**可接受**

该卫生厕所系统必须有良好外观并与文化习俗和社会价值相一致。

（6）**简单**

该卫生厕所系统必须足够坚固，即使受当地技术能力、组织机构和财力的某些限制，维护仍很容易。

要能成功地实现这些准则必须要认识到，卫生厕所是一个系统。上述准则也要求在设计卫生厕所系统并使其运转时，要把这一系统的各个组成部分统一考虑，而不是只考虑其中的某一两个，如图1-4所示。卫生厕所是一个由自然社会、处理过程和装置所组成的系统。

1）**自然**方面最有关的特性是气候（温度、湿度）、水（水资源量、地下水位）和土壤（稳定性、渗透性和可挖掘性）。

2）**社会**方面包括居住区模式（集中或分散，低层或高层）、对粪便

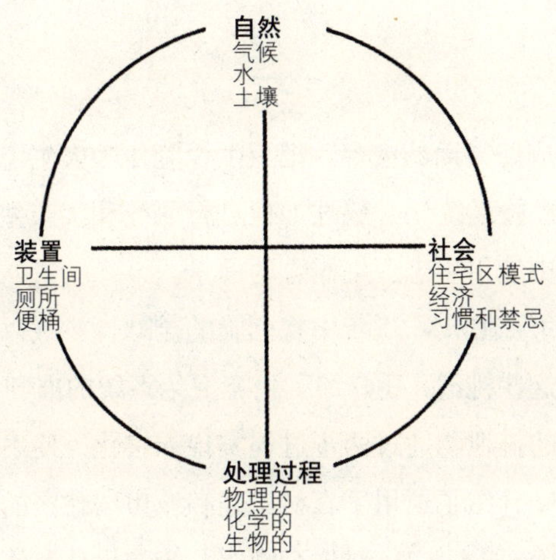

图 1-4 卫生厕所是由自然、社会、处理过程和装置所组成的系统，所有这些组成部分必须统一加以考虑。

的态度（亲粪或厌粪）、习惯（便后水洗或擦拭）、有关人排泄物的信念和禁忌以及所研究社区的经济状况。

3）我们讲的**过程**是指把人的排泄物变成无害、不令人厌恶和有用产品的物理、化学及生物过程。本书将讨论脱水和分解两种过程。

4）对**装置**我们指专门用于大小便的现场结构物。许多卫生厕所方面的文献着重讲装置，而没有把装置和卫生厕所系统的其他组成部分联系起来。

生态厕所的原则并不是刚刚建立。在不同文化习俗地区，基于生态卫生原则的厕所系统已经用了几百年了。生态厕所系统在东亚和东南亚的部分地区仍在广泛应用。西方国家则废弃了这一方式，水冲式成为主要形式。但随着越来越多人认识到常规下水道的不可持续性，人们现在对在厕所中应用生态方法又重新产生了兴趣。

应用上述准则并研究和实施卫生方面的系统方法时，我们的思想需要改变：必须把我们的思想从基于弃置排泄物的方法改变到以零排放和循环再利用为目标的方法上来。

1.4 关于本书

本书主要想完成四方面的内容：把卫生设施作为大生态系统的一部分；把世界各地的经验系统化；叙述如何进行研究和实施生态卫生的方法；提出了在城市中应用生态卫生概念的前景。

第1章中，探讨了在未来25年中将面临的全球性挑战以及生态卫生如何能有助于迎接这些挑战，还介绍了生态卫生系统的准则。第2章中，解释了如何能把人的排泄物通过两步过程实现无害化，使之能安全用于农业生产。第3章中，介绍了适用于农村家庭和城市居住区的许多种生态厕所和生态卫生系统。第4章中，对生态厕所系统的设计和管理细节进行了探讨。第5章中，介绍了把排泄物养分在农业生产中加以再利用方面最近和正在进行的研究工作。第6章中，转向讨论家庭废水的处理。第7章中，讨论了新项目的规划、推动和支持等方面的重要内容。第8章中，提出了未来的前景，描述了生态卫生如何在城市地区应用并总结了它比常规方法所具有的优点。

虽然本书讨论了技术和政策问题，但它既非技术的也非政策方面的手册，而是对已有方法进行实际性的讨论。生态卫生概念特别和缺水和缺乏资金的城市有关，但又不能把它作为仅仅是属于贫穷人群的二流方法。正如第3章中的各种实例表明，现有的生态卫生方法可适用于广泛的社会经济条件。

第2章　人排泄物的无害化处理

生态厕所的主要目标之一是保存人排泄物中存在的养分并把它们循环再利用，回归农业中。因此，生态厕所系统的关键部分是在循环再利用排泄物之前，杀死造成疾病的绝大多数或全部的生物体。现在关于生态厕所系统中杀灭病原体的科学研究成果，已经可以指导对粪尿进行处理以便安全地用作肥料[1]。

2.1　尿

尿中很少含有致病生物，而粪则含有很多。把未稀释的尿液储存一月即能使尿安全地用于农业。未稀释的尿液能给微生物造成不利影响，可增加对病原体的杀灭率和防止蚊子滋生[1,2]。

对家庭自己食用的农作物，可直接用尿来施肥。但建议收获前一个月内不要施用尿液。

从许多城市家庭收集并运来的尿液再利用于农业时，当温度在4～20℃时，不同种类的作物施用尿时，推荐应先储存1～6个月。框1-2所示为瑞典指南中推荐的尿混合液储存时间。

框2-1 瑞典指南中推荐的尿混合液[a]储存时间，是根据估计的病原体含量提出的[b]，并适用于大范围系统[c]的作物[1]。对此，世界卫生组织也正在编制指南。

储存温度	储存时间	储存后尿混合液中可能有的病原体	推荐施用的作物
4℃	>1月	病毒，原生动物	要加工的食物和饲料
4℃	>6月	病毒	要加工的食物，饲料[d]
20℃	>1月	病毒	要加工的食物，饲料[d]
20℃	>6月	可能没有	所有作物[e]

[a] 尿或尿与水。稀释后假设尿混合液的pH至少为8.8，氮含量至少为1g/L。

[b] 表中的风险评估不包括革兰氏阳性细菌和形成孢子的细菌，但通常不认为它们会造成人们所关注的感染。

[c] 此处，大范围系统是指用尿液施过肥的作物的消费人群，是产生该尿液的家庭以外的。

[d] 非指生产饲料的草地。

[e] 对生吃的食物建议在收获前至少一个月内不能再施用尿液。如果食用作物的地上部分，则尿液应施入地下。

2.2 粪

排泄物的安全性问题主要应考虑粪。从粪传播疾病的最重要的途径是手、苍蝇、水、土壤以及曾被上述四个因素中任何一个感染过的食物。图2-1为F图解，总结了这四个主要途径（这些因素的英文字都以字母F打头，因此称其为F图解以便于记忆）。

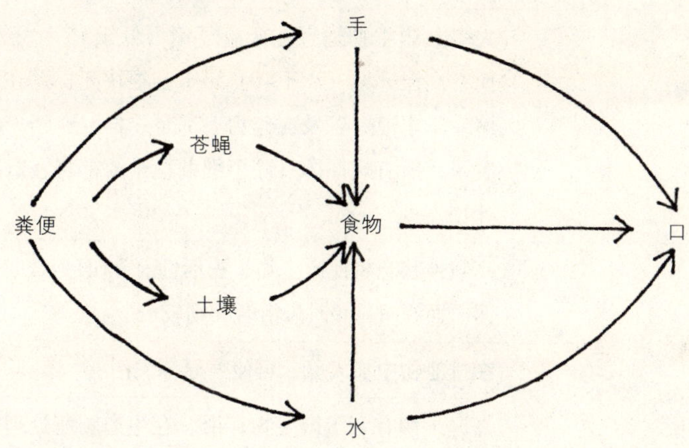

图2-1 F图解总结了粪便病原体的传播途径：污染手、苍蝇、土壤、食物和水，而最后被吃下。

生态厕所系统的目的之一是在粪和苍蝇、土壤和水之间设置一系列隔离措施。这是通过把粪储存在处理容器内或放在一个浅坑中使病原体降到可接受的卫生水平后，对粪进行再利用。粪料也可再移至他处作进一步的二级处理，使其能更安全。

每个生态厕所系统还应该包括洗手的设施，以堵住粪—口传播疾病的另一个重要途径。每个生态卫生教育运动必须强调不仅要正确地使用和管理厕所，还应强调在自己或帮小孩解便后、以及在煮饭和给小孩喂食前洗手的重要性（当然这不是生态厕所独有的。在使用常规厕所时洗手也同样重要）。

2.3 如何杀灭粪中的病原体

已经弄清了杀灭粪便中致病生物的许多环境因素，即延长储存时间，提高温度、干燥度和pH值，加强紫外线照射以及利用自然土壤中微生物的竞争作用。

影响微生物在环境中存活的物理化学和生物因素[3] **表 2-1**

温度	大多数微生物适宜在低温环境（低于5℃）下生活，而在高温环境（高于40℃）下会很快死亡。在水、土壤、下水道中以及在作物上都是这样。在55～65℃温度下，所有病原体（除了细菌孢子）都将在数小时内死亡
pH	高碱性状态将使微生物失去活性。在pH为12时失活迅速，而在pH为9时失活时间则较长
氨	在排泄物中加入氨，可使病原体失活
干燥度	潮湿土壤有利于微生物存活。在生态厕所处理室内使粪脱水，可减少病原体的数量
日光照射	紫外线照射将缩短土壤中和作物上的微生物存活时间
其他生物体的存在	其他生物体的存在可能会缩短微生物的存活时间。不同种类微生物会因互相吞食、释放拮抗性物质或争夺营养而影响各自的生存
营养	适应在肠道中生活的细菌在缺乏营养的一般环境中，并不总是能与其他生物体竞争。这将会限制粪便细菌的繁殖和在环境中存活的能力
氧气	多数肠道细菌是厌氧的，因此在有氧环境中可能失去与其他生物体竞争的能力

2.4 初级和二级处理

生态厕所系统的设计，是用表2-1中列举的一些物理化学和生物方法来杀灭粪便中的致病生物体。通常有两步：初级处理和二级处理。

(1) 初级处理

初级处理的目的是减少粪便物质的体积和重量，以便于储存、运输和作进一步的（二级）处理。初级处理是在便器下的储粪室中进行的（见图2-2）。粪在这里储存一段时间。在储存过程中病原体的数量会因储存时间（6～12月）、分解作用、脱水（通风和添加干物质）、pH的增加以及其他生物体的存在和对营养物的竞争等因素而减少。

图2-2 带有处理室的生态厕所。厕所内有一个可移动的带有小便收集器的坐便器。位于浴室地板下面的处理室可从室外清空。（设计：赛萨·阿诺夫（César Añorve），墨西哥库埃纳瓦卡（Cuernavaca），1992）

在津巴布韦开发的几种基本模式中，处理室是置于生态厕所下面的一个浅坑（图2-3）

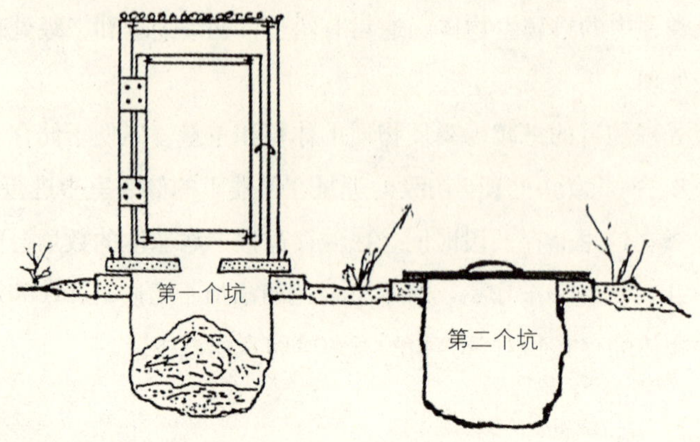

图2-3 津巴布韦生态厕所的基本形式，处理室为浅坑。第一年，蹲便板和上部建筑放在第一个坑上。第二年被移到第二个坑上（或见3.1.4）。(设计：彼得·摩根（Peter Morgan），津巴布韦哈拉雷，1998)

(2) 二级处理

二级处理的目的是使人粪达到足够安全的程度，以回归到土壤中。二级处理可就地在园子里或者在异地、在生态站内进行。这一步骤包括高温堆肥、加入尿素或石灰以提高pH以及储存更长时间等处理方式。如果要求使最终产物达到完全消毒，则二级处理可以是碳化或者是焚烧。

在环境温度达到20℃的地区，1年半到2年的储存（包括初级处理的储存时间）将杀灭绝大多数病原体（如果保持干燥），并将极大地减少病毒、原生动物和寄生虫。有些附着在土壤中的寄生虫卵可能会仍然存在。在环境温度达到35℃的地区，储存总时间达到1年将起到同样的效果，这是因为温度较高时，病原体死亡得也比较快[1]。

在温度达到50～60℃的高温堆肥时，不论是开敞式堆肥或有遮蔽堆肥（见图8.2），储存时间还可以进一步缩短。

用碱性物质进行处理，同样需要一定时间才能把病原体杀灭到容许的程度。pH达到9时，在多数气候条件下，6个月到1年已足够杀灭大多

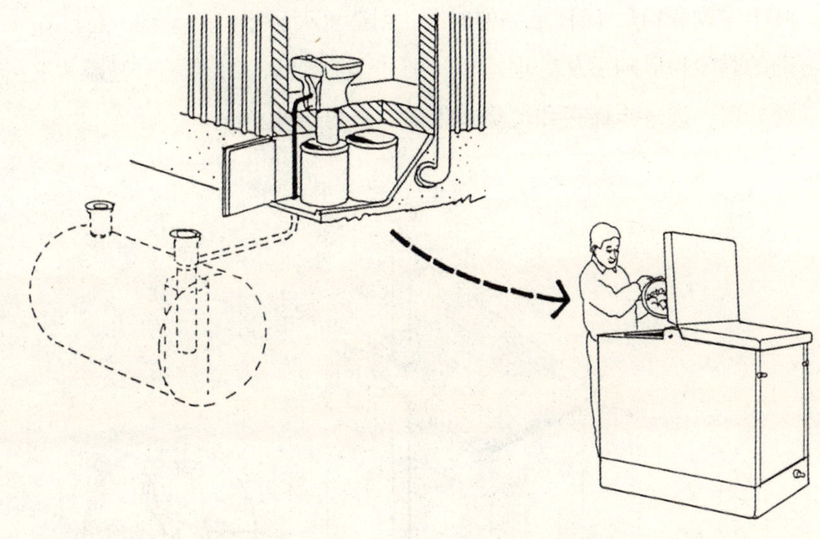

图2-4　在粪尿分流式生态厕所直接下方的箱内进行初级处理，接着到生态站内作二级处理。

数致病生物体。为了增加安全性，这些物料可装在袋子里储存更长时间。如考虑到肠道蛔虫卵可能持续存活时，碳化或焚烧处理可保证完全消毒。

2.5　脱水和堆肥

在详细解释杀灭病原体的系统之前，我们要先解释一下3种主要的生态厕所系统，它们的运行方式略带差异，但效果近似。这些系统包括脱水系统、堆肥系统和土壤堆肥系统。这三种系统以及相应的厕所设计将在第三章中举例说明。在这里，要了解病原体是如何被杀灭的，只需了解这些系统的大致要点。图2-4～图2-6表示了这3种系统的要点。

1．脱水

如第3章中将要讲到的，在脱水系统中，我们把尿和粪分开收集，使处理室的物料干燥，体积缩小。这样也就使我们能利用尿作肥料。粪落入一间处理室内，与外界安全的隔绝6～12个月。而在每次便后加入灰、石灰和尿素以降低水分含量和把pH提高到9或更高。所以这个系统能提高干燥度和pH，储存足够的时间，创造杀灭病原体的条件。经过部分处理的粪便物质随后从处理室移到别处，进行4种二级处理（高温堆肥、碱性处理、进一步储存和焚烧或碳化）中的一种。

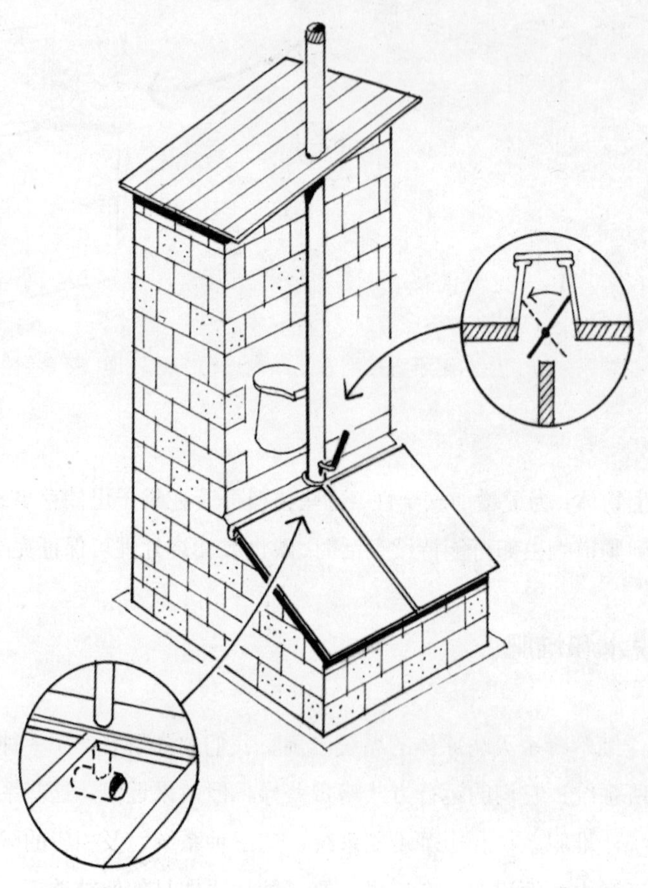

图 2-5 墨西哥坎昆（Cancun）的双坑式堆肥厕所[2]，见3.13中墨西哥的堆肥厕所。（设计：雨诺·温布拉特（Uno Winblad），瑞典斯德哥尔摩，1980）

2．堆肥

在堆肥型厕所中，人粪—或在有些情况下—粪和尿与家庭有机废弃物、花园垃圾和疏松添加物（杂草、泥炭质苔藓、木刨花、树枝等）一起放置在处理室内。

在物料堆中，许多种生物体把这些固体料分解成腐殖质——像在自然环境下所有有机物最终发生的情形一样。温度、气流、湿度、含碳物质及其他因素，要进行不同程度的控制，以形成分解作用的最佳条件。经过一定时间（通常为6～8月）的储存，部分分解的物料可以转移到花园堆肥堆里或者生态站内，通过高温堆肥进行二级处理。

3．土壤堆肥

在土壤堆肥系统中，粪，有时和尿一起与随意数量的土壤放置在处理室内。有两种稍微不同的处理类型：一是用一个浅坑或高位处理室（见3.1.4）。通常在每次便后加入土壤，也常和木灰掺和在一起。由于土壤中生物体的竞争以及不利的环境条件，大多数病原体在3～4个月后就会被杀灭[3]。处理过的物料可被移去，按前述4种方式之一进行二级处理，如果在自己家庭的地里，可以直接撒入，与当地的土壤混合使用。二是在浅坑中进行堆肥处理，建议要12个月后，才能施用于园子。那里，病原体的死亡是由于紫外线辐射、干燥以及与其他生物体的竞争。在施肥一个月后再播种不生吃的作物，相对来讲是安全的[4]。

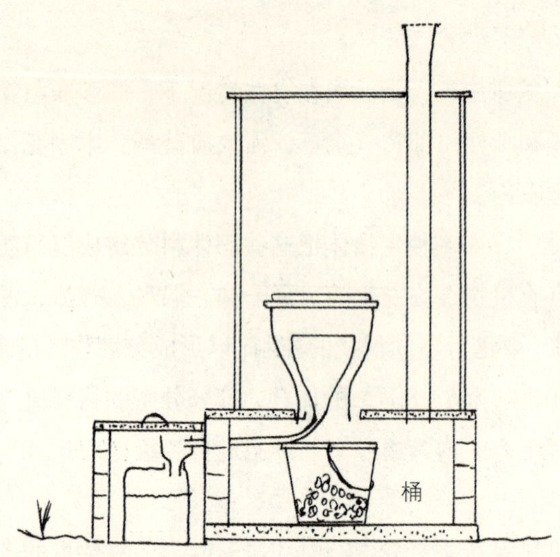

图2-6 津巴布韦思加罗（Skyloo）厕所，地上粪室里的土壤堆肥，见3.1.4。（设计：彼得·摩根（Peter Morgan），津巴布韦哈拉雷，2001）

上面提到的浅坑类厕所的使用方法都一样，只有一个称之为阿保罗（Arborloo）的厕所有着不同的设计（见图2-7和3.1.4）。农户主人可在浅坑快满时先覆盖一些土，然后在其上种一棵树。在此情况下，人与堆肥处理过的粪便不会有更多的接触。由于在粪便中加入其他物质使之有效地转化为肥料，以及坑很浅（最深1.5m），使污染地下水源的危险减少了[5]。

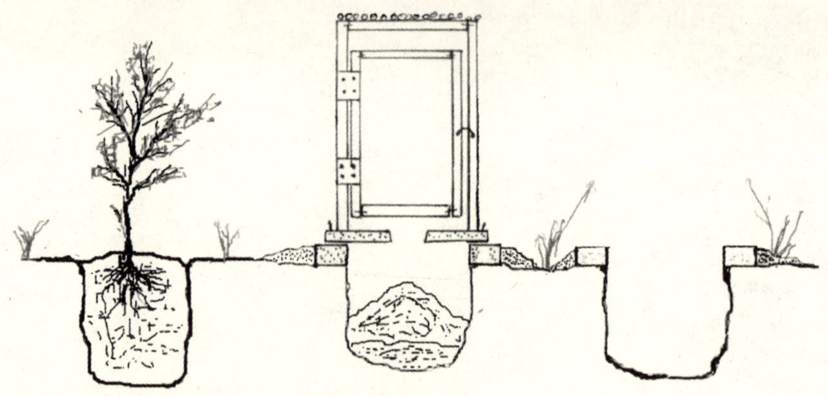

图2-7 津巴布韦阿保罗（Arborloo）厕所的浅坑土壤堆肥，见3.1.4。（设计：彼得·摩根（Peter Morgan），津巴布韦哈拉雷，2001）

应用这些系统可以大大改善在农村或城镇中常见的不良卫生条件和随地大小便的社区环境。把粪储存在处理室内或土壤堆肥浅坑内，与随地大小便相比是极大的改进。

2.6 农村和城镇系统

生态厕所系统在农村和城镇中是不同的。在农村里，各个家庭处理和再利用自己的粪便产物。在城镇，这些产品的处理将由社会化服务来完成，见4.5节。

对城镇地区，我们推荐在初级和二级处理中采用脱水系统。市政部门将经过初级处理的所有粪便产物收集到一个进行二级处理的专门地点(见4.5.2及8.1.3)。在农村中，二级处理可以非常简单，只要把它们加到园子里的堆肥堆或农家肥堆里，或者再储存1～2年。尿液造成的风险很小，可以直接用于给自己家庭食用的作物施肥。

2.7 总结

1．尿

农村中，尿可以直接施用。在大规模的系统中，尿应储存1个月后再使用。蔬菜、水果（除了果树）和可以生吃的根茎作物在收获前1个月内不要施用尿液。

2．粪

粪含有人类排泄物中大部分病原体，是肠道传染病的主要源头。所以我们应按照下列原则来处理粪：

(1)采取尿分流和不使水进入粪内的措施使有害物质的体积尽量小。

(2) 在安全隔离的设施（处理室、池）里进行储存，直到可安全再利用为止，以防止带有病原体的物质扩散。

(3) 采取脱水和/或降解的措施减少含病原体物质的体积和重量，以便于储存、运输和进一步处理。

（4）通过就地初级处理（脱水和/或降解，增加pH和储存）和接着进行的就地或异地二级处理（高温堆肥、加入石灰或尿素提高pH，以及必要时焚烧或碳化）达到卫生标准，使病原体减少到无害化程度。

维护正确的厕所应没有臭味、不潮湿、没有苍蝇滋生。其产物应是无害的、与土壤相似、质地轻、易于搬运而不产生尘土，但是这些并不能作为它们安全性的证明，而仍然需要小心予以处理。为了最大限度的减少风险，工作人员在清空处理室和粪坑时应带手套，并在事后彻底洗澡，包括洗干净手。不过，一个管理良好的生态厕所或处理室在初级处理后，病原体数量将显著减少。

第3章　生态厕所实例

本章的目的是描述生态厕所的实际外型和样子，以及它们是如何运行的。我们在这里提供了许多实例，既有过去的也有现代的。每个实例在一定程度上满足了第1章列举的准则：防止疾病、保护环境、回归养分、能支付得起、可接受的以及简单明了。所有这些实例都能防止疾病、保护环境和节约水。在多数情况下，都能从当今各种各样的生态厕所中找到一种为当地文化习俗所能接受的方式。可支付性是相对的，这里叙述的有些实例采用了高科技，价格昂贵，而其他一些则是简单和非常廉价的。

在介绍下面实例时，是分别按照它们主要应用的地点—农村或城市地区—进行的。这里“农村”指农村或城镇中人口密度较低的居住地，那里居民可以有一片地或一个园子，家庭自己负责粪便的初级和二级处理以及最终产物的应用。对于“城镇地区”，我们的实例是位于或适用于中、高人口密度区以及多层公寓房屋的居民群体。这里不要求每个家庭直接参与处理、运输和终端使用。所有发生在住户厕所间以外的运行和管理，是由社区性组织进行的，详见第7章。

3.1　农村

3.1.1　脱水型生态厕所

1．越南

生态厕所的经典形式是越南的双坑型厕所。它在越南北方被广泛应用，而在过去25年中这一设计引进到世界上许多国家，例如中国、墨西哥和瑞典。

在越南北方的稻米地里，用新鲜大粪施肥是很普遍的做法。由于这种做法具有危险性，越南的卫生部门在1956年发起了一个建设双坑厕所的运动，并随之进行了长期持久的卫生教育。新厕所的设计目的是要在杀灭病原体之后再把粪撒到地里去[1]。

越南系统的先驱是1950年前后在日本横滨神奈川县的公共卫生实验室里研制的[2]，图3-1为该实验室研制的尿分流式厕所的平面图和剖面图。

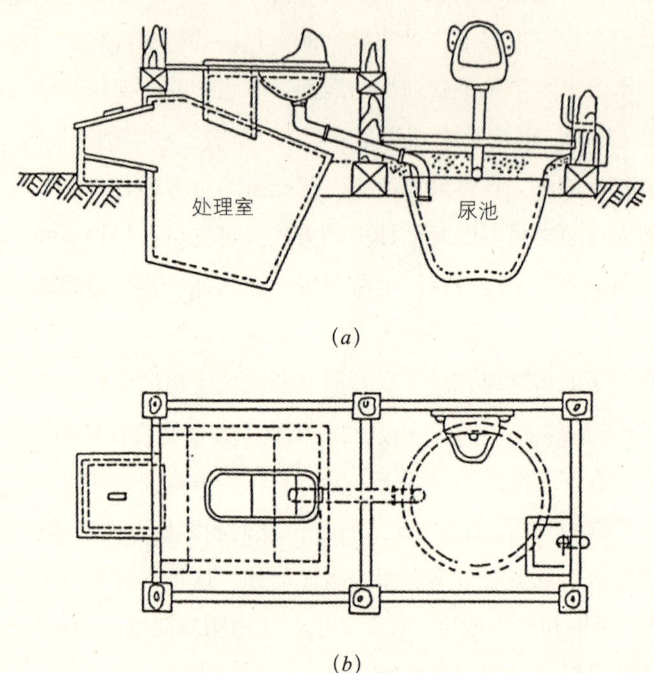

图 3-1 1950 年前后日本横滨神奈川县公共卫生实验室研制的尿分流式厕所的剖面图和平面图。

(*a*) 剖面图；(*b*) 平面图

越南生态厕所包含2个处理室，每个体积约0.3m³。厕所完全建在地面上，处理室建在坚硬的混凝土、砖或黏土地板上。该地板比地面至少高10cm，以防止大雨时被淹没。图3-2为越南双坑式厕所的处理室的示意图。

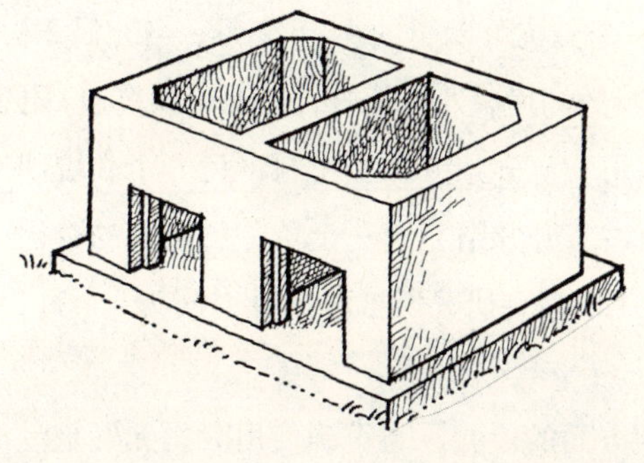

图 3-2 越南双坑式厕所的处理室。每个坑尺寸为 80cm × 80cm × 50cm。图中可见两个 30cm × 30cm 的孔口，用于清空脱水的物料。

处理室上盖着一块蹲便板，上面有两个孔洞、踏脚石和一个导尿槽。两个孔洞都有密闭的盖子（图 3-3 中未显示）。背后有两个 30cm × 30cm 的孔，用于清空已脱水的物料。这些孔口一直是密封的，只在要清空处理室时才打开。

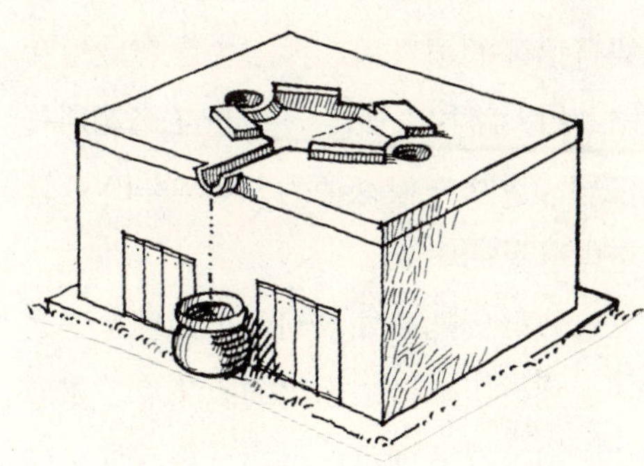

图 3-3 图 3-2 所示的处理室，加了一块用于分流尿液的蹲便板，一个储尿罐以及用于清空脱水物料孔口上的门。不用的落粪洞需要用石头盖住，并用泥或砂浆封起来。

人们大便时，只用其中一个储存室，直到满了为止。在第一次使用的坑室地板上，住户要覆盖一层细土。其目的是吸收粪中的水分，并防止粪粘在底板上。每次便后，要在粪上倒两碗灰。灰可以吸收水分，中和臭味，并且使粪不会那么招苍蝇。

尿液顺着板上的槽流走，收集到厕所背后的一个罐子里。便后擦拭的纸扔进一个盒子或罐子里再烧掉。接粪的容器里只有粪、灰和土壤。因此容器内的物料很干燥而且密实。集尿罐放好时，可以是空的，也可以加一些水、石灰或灰。尿液和吸满尿液的灰可用作肥料。

对于一个4～6口之家，第一个粪坑可以用约4～5个月。当充满2/3时，住户可用一根棍探测坑里物料的高度，然后用干的细土填满坑边，再密封该坑，并把坑的所有孔口都用石灰砂浆或黏土密封，另一个粪坑则投入运用。当第二个坑也快满时，打开并清空第一个坑。脱了水的粪已无臭味，可以用作肥料。越南芽庄巴斯德研究所推荐储存时间为6个月，在寒冷气候下为10个月[3]。

这一系统在越南有着正反两方面的经验。当正确使用时，无疑是没有问题的。在越南北方，曾经常常发生有些农民不管储存时间是否够，当需要肥料时就清空储存室。这意味着只进行了部分处理的、甚至是新鲜的粪也撒到了地里。由于坚持进行健康教育，这种情况现在已减少了。

2．**中国**

1997～1999年，瑞典国际发展合作署资助的“卫生研究计划”与联合国儿童基金会及中国卫生部合作[4]，把经过改善的越南双坑式厕所引进到中国的部分省区，其中广西壮族自治区的项目由广西卫生厅李玲玲女士和林江先生负责，在田阳县五村乡的大路村，修建了70户生态厕所[5]。厕所设在室内，通常放在二层或三层。粪从一根直径为20cm的PVC管掉落到位于地面高程上的双处理室内（见图3-4）。

和图2-5中所示的装置相似，一块挡板把粪导入到两个处理室中的一个。专门设计的蹲便器把尿液导流到位于一楼地面上的收集点。尿液或者用去喂猪，或用作自家菜园的肥料。在处理室中设置一根直伸出屋顶的通风管，为厕所提供通风。

图 3-4 中国广西大路村，所有的家庭都把生态厕所放在室内的楼上。粪通过一根管子掉到位于一层地面上的双坑处理室内。（设计：林江，中国南宁，1998）

随着大路村示范项目的成功，中共邕宁县县委和政府决定把生态厕所列入农村综合环境改善计划[6]。到2000年底，45个村的近1万居民引进了“生态村”项目，包括带有尿分流玻璃钢蹲便器的双坑处理室生态厕所（图3-5）。学校的厕所还装有专门为此项目研制的脚踏式撒灰器（见图4-11）[7]。

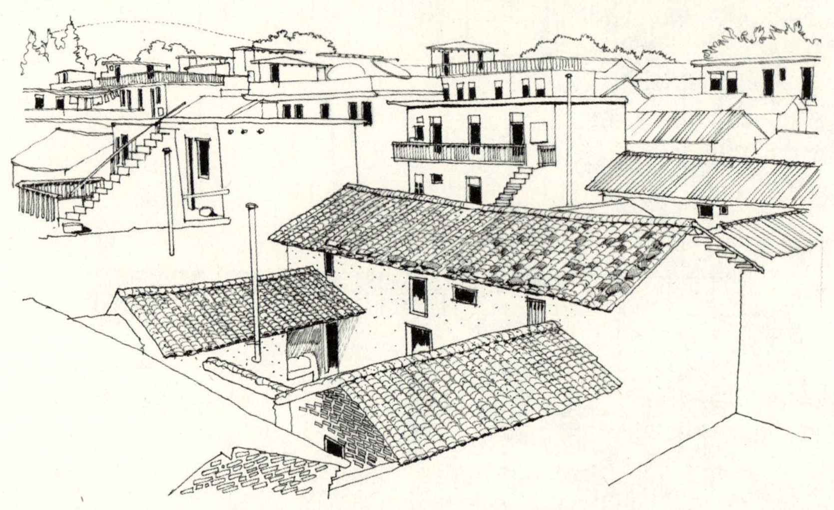

图3-5 中国广西邕宁县的一个建筑密集的村子，每户居民都有一座生态厕所。

框 3-1 邕宁生态村计划项目

邕宁县县长罗大光先生指出，邕宁县生态村项目之所以能成功，是由于下述原因[8]：

（1）正确的领导和完善的管理；

（2）政府各部门的通力合作；

（3）强有力的技术指导和有效地运用示范项目；

（4）从中央到地方和乡村多渠道筹措资金；

（5）根据传统和实际情况建房，及时解决问题；

（6）把卫生、健康、农业生产和社会经济发展联系起来的综合方法。

图 3-6 所示为广西壮族自治区高标准装修的生态卫生项目厕所。可以很容易地算出，以家庭为单位的生态厕所的实际建设费用是很低的。2001 年广西的一个典型生态厕所总投资为人民币 284 元（约 35 美元）。这仅为一个三格式化粪池或一个沼气池投资的 1/3[9]。在中国，已有几个地方的私人企业生产几种形式的尿分流式蹲便器。这些尿分流式蹲便器由塑料、玻璃钢或陶瓷制成，其价格为 5～10 美元。

图 3-6 广西壮族自治区高标准装修的生态卫生项目厕所：预制的蹲便器、地板和墙铺了瓷砖。（设计：林江，中国南宁，1999）

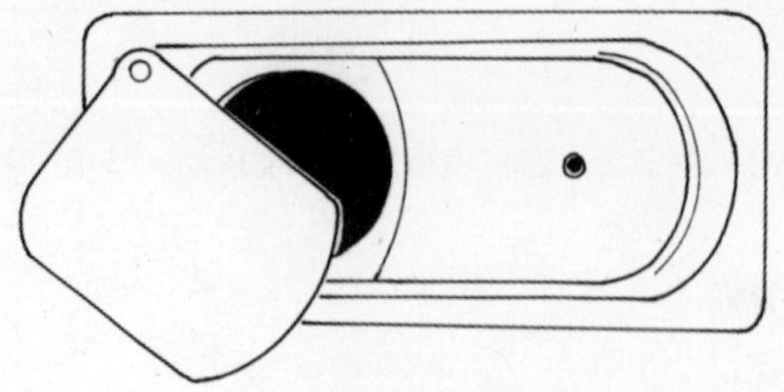

图3-7 塑料做的尿分流式蹲便器，盖子可以用脚推开或盖上。该蹲便器现已批量生产，在全中国和邻近国家使用。（设计：林江，中国南宁，1999）

中国广西的发展实例是越南形式的最新改进。由于生态厕所的装修标准可以与城市里的现代化浴室媲美，同时通风管又减少了臭味，广西大多数家庭愿意把生态厕所建在室内。随着原有示范项目的成功，从1998～2003年，广西全区已有10万户人家在室内建设了尿分流式带通风的双坑式处理室厕所[10]。到2003年，中国的生态厕所总数估计为68.5万个[11]，分布于17个省市自治区内。

3．中美洲和墨西哥

拉斯夫（LASF，Letrina Abonera Seca Familiar）厕所是越南厕所的另一个改进形式。1978年它被引进到危地马拉[12]，过去25年中在中美洲和墨西哥建成了几千座（见图3-8）。

如同越南原来的形式那样，拉斯夫厕所（在墨西哥称为“非水冲生态厕所”）有两个建在地面上的容积为0.6m^3的粪室。一个5～6口之家一年中产生约0.5m^3脱水无味的物料。

25年来，在中美洲和墨西哥使用越南双坑式厕所取得了积极的成果。只要管理合理，这些厕所既无臭味，也无苍蝇，在干旱的墨西哥高原上应用得特别好。凡是失败的地方（处理室潮湿、有臭味、苍蝇滋生），总是由于信息不畅通、培训和跟踪服务不到位或根本没有造成的。

图3-8 萨尔瓦多正在建造的拉斯夫厕所，在每个坑上面有一个带有集尿器的坐便器。坐便器不用时，常用塑料袋盖住。

3.1.2 适用于便后"水洗者"的形式

1．印度和斯里兰卡

越南双坑式厕所是为那些便后用纸、干树叶等揩拭的人（揩拭者）设计的。有些地方，人们习惯用水代替纸（水洗者）或者两者都用（揩拭-水洗者）。在印度的喀拉拉邦的特里凡得琅市，生态方法组织的保罗·卡尔沃特（Paul Calvert）重新设计了一种相似于越南型式的双坑式厕所，以适应水洗者之用。这里，尿液和便后清洗的水被引到厕所旁边的蒸发蒸腾床[13]。

使用前在坑内先铺上草，以形成富含碳的坑床来接粪并可吸收水分。每次便后要在粪上撒一勺子灰。有时，草、树叶和碎纸片也加进去，因此这里发生的主要是分解作用而不是脱水作用。坑内物质体积的缩小可说明分解作用正在发生，每个坑用约一年。这种厕所可以在分解和脱水两种模式下运行，取决于当地条件和用什么材料来覆盖粪。

在空间尺寸足够时，蒸发蒸腾床也可以引入来自淋浴和厨房的家庭污水，维护工作量很小。在它上面常常可以种花、果树和蔬菜，以利用尿液中的养分。

由于喀拉拉邦沿海地区地下水位很高，水井常易被厕坑和倒水冲洗厕所的渗漏污染，因此这里选择了地上式厕所[14]。喀拉拉邦的城镇和农村中，有300多家用了这种新型厕所，其中许多是从1995年后开始使用的。这种形式也在印度的其他地方，如马德拉斯（现称金奈）等地应用。由于这种新型厕所在印度的成功，它在2000年被引进到斯里兰卡[15]。这类厕所多数是靠近或挨着房屋建造的。城镇地区的家庭中还有进一步得到改进的实例，从2000年以来运行得很成功。最新的设计是建造在公寓楼房的二楼上。因上层结构和装修标准的不同，这些厕所的造价在80～150美元之间[16，17]。

这一实例说明,干式厕所系统可以在湿润地区、而且在使用者是“水洗者”的地方同样用得很好。同时它也说明，在越南使用的脱水型尿分流双坑式厕所在加入富碳材料后也可以采用分解方式。成功原因还有作好了当地居民、特别是妇女的动员工作，以及施行了有效的健康教育和进行了定期的跟踪服务。

图 3-9 喀拉拉双坑式厕所。每个坑有一个落粪洞和流尿的漏斗。在两个坑之间，有一个槽，用于便后水洗。便后清洗的水和尿流入种有苦葫芦，车前草或美人蕉的蒸发蒸腾床。（设计：保罗·卡尔沃特（Paul Calvert），印度喀拉拉邦特里凡得琅市生态方法组织，1994）

2. 巴勒斯坦

把越南双坑式厕所用于有水洗习惯地区（这里是揩拭－水洗者）的另一个实例，是在巴勒斯坦的希伯伦地区。2001年和2002年，由瑞典国际开发合作署提供项目资助，耶路撒冷的巴勒斯坦水文集团（PHG）在这个极端干热缺水地区为28个大家庭（多数为10人以上）配备了生态厕所[18]（见图3-10）。

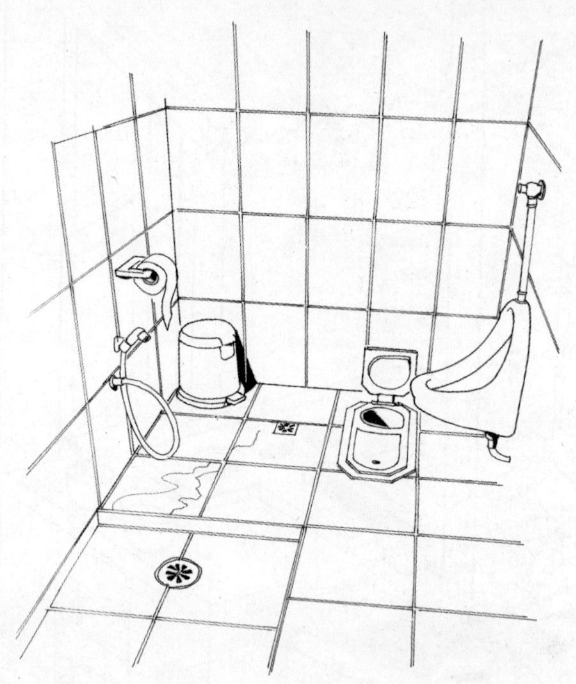

图3-10 巴勒斯坦希伯伦的贝尼奈姆（Beni Naim）村里PHG项目的典型厕所和浴室。图中蹲便器的盖子是打开的以显示落粪洞。在尿分流式蹲便器左边是一个便后水洗的排水孔。左面低位淋洗喷头是用于水洗的，右面是小便器。（设计：优瑟夫·苏波（Yousef Subuh），巴勒斯坦西岸贝尼奈姆（Beni Naim），2000）

该项目的生态厕所包括一个尿分流式蹲便器、一个便后清洗水的排水孔、一个小便器、以及地板下带有出粪门和通风管的处理室。因此该厕所可处理3种不同的物质流：粪、便后清洗水和尿。图3-11为该生态厕所的一个示意图。

地板上的便器有一根落粪管连接到一个单处理室，粪被收集到一个宽浅的塑料容器内。当它满了后，在落粪洞下面放入另一个空容器。充满的第一个容器存放在处理室内直到第二个满了为止。

由于希伯伦地区极端干燥的气候、使用石灰和实现卫生间的高标准装修，运行和维护都十分方便。2002 年，每座这种厕所的造价在 700～1000 美元之间。

这种小型、构思良好而高标准的项目表明，生态厕所在巴勒斯坦确实可以成为一种替代方案。

图 3-11 巴勒斯坦西岸的室内一楼厕所，有一根 PVC 管道连接下面的处理室。尿和便后清洗水以及灰水在一个沉淀池里进行处理。

3.1.3 堆肥型厕所

1．瑞典

瑞典引进堆肥型厕所用于周末休假屋已有50多年的历史。从那以后，在市场上出现了多种形式，现在已用于世界上许多地方，包括北美洲和澳洲。市场上的堆肥型厕所从小型的、与普通冲洗厕所尺寸相似的装置，到大型的设施，在浴室内有一个简单蹲便器通过一个落粪管和地板以下的堆肥室相连接。

下面的实例是个经典模式，由斯德哥尔摩塔倍（Täby）地区的里查·林斯特隆（Richard Lindstrom）研制的“克里奥斯”（Clivus）厕所[19]（见图3-12）。这是单室堆肥厕所，可以同时处理尿、粪和家庭有机垃圾。它由一个具有倾斜底板的堆肥室、空气通道和在底端的储藏空间组成。在坐便器和处理室之间有一根管道相连接，有时也有一根专门管道排放厨

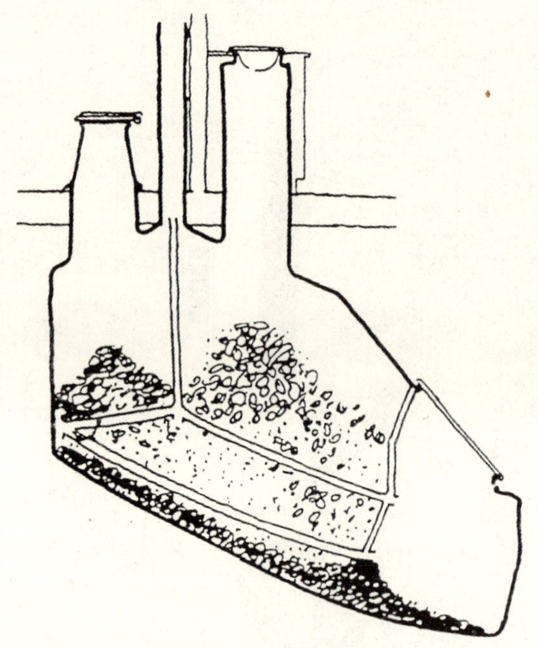

图3-12 位于房屋地下室中的堆肥型厕所。这个被称为“克里奥斯”的经典模式，有一个单独通道下排厨房剩余饭菜。多孔的管道使空气流入堆肥堆的中心部位[20]。（设计：里查·林斯特隆（Richard Lindstrom），瑞典泰勒苏地区（Tyreso），1940年前后）

房垃圾。空气从处理室的入流口穿过管道到一个通风管排出形成了持续的自然对流通风。

进入处理室的不仅有粪便、手纸和尿，还有各种厨房和家庭的有机垃圾，包括蔬菜和肉的碎片、果皮、骨头、蛋壳、地面垃圾、卫生纸、草屑，但不能有罐头瓶、玻璃、塑料或任何种类的大量液体。

由于处理室的地板是倾斜的，上部的物料会缓慢地滑向下端，进入处理室的储存空间。分解过程使堆积物的体积减少到不足原来的10%。

首次堆积物要储存几年之久才能逐渐形成腐殖质。腐殖质是一种类似于花园肥料的黑色块状物。当堆积物变成腐殖质后住户才会取出，然后每年清理一次。每人每年产生的腐殖质数量变化在10～30L之间（堆肥室的大部分空间不会清空，只有移动到堆肥室下面储存部位的物料才被搬走）。

这种厕所最多可供多少人使用取决于许多因素，如温度、湿度、垃圾的数量和种类、尿在粪便中的比例以及处理室的大小。大多数情况下，一个普通的“克里奥斯”厕所（图3-12中的古典形式）全年最多可以供8～10人使用。

“克里奥斯”厕所的经典模式只要建造完善和管理恰当，是不会令人讨厌的。但常常会存在一些问题：液体会累积在处理室的底部，并把粪堆上部新鲜粪便中的病原体带到下部，污染“老的”、已经分解的物料（但只要“克里奥斯”厕所装有尿分流式坐便器，这个问题就可以解决）。另一个问题是有些固体物常常会粘在倾斜底板的中部。解决这个问题可以用多个处理室来代替单个带有倾斜底板的处理室，如下面的实例所示。

2．挪威

挪威“旋转式”厕所曾经是该国最常用的堆肥厕所之一，图3-13所示为挪威“旋转式”厕所。从1973年以来全世界已建造了约6万座，在许多其他国家也生产了相似的形式[21]。

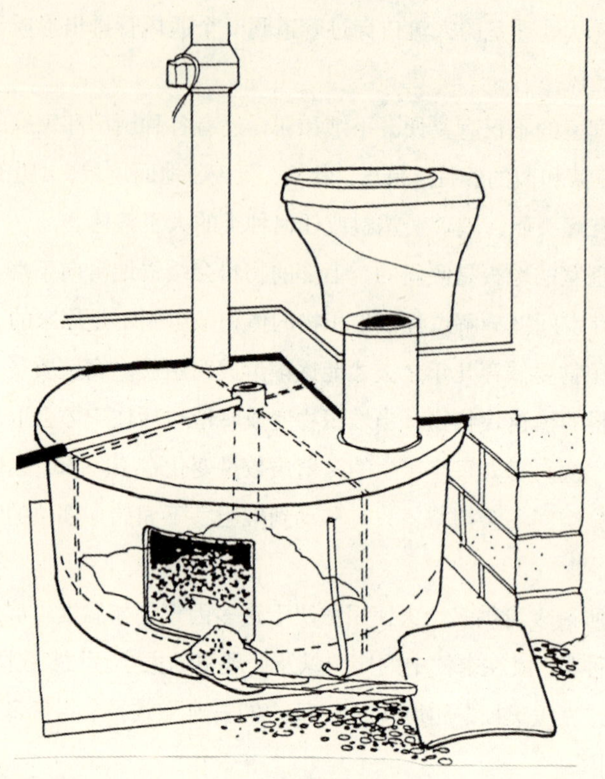

图 3-13 挪威"旋转式"厕所。

旋转式厕所的特点是，地下处理室内有一个圆柱形的外桶，里面有个直径略小的、可以绕轴旋转的内桶。内桶分为4格（有的模式有6格），使用中的一格正对着厕所内便器下方的管道。当这一格满了，内桶旋转使相邻的一格转到便器下。这样每一格依次被充满。最早充满的物料通过一个门移走。液体从内桶底上的洞流到外桶，随之被收集到另一个容器里，并流进蒸发蒸腾床或者直接蒸发掉。

旋转式厕所可以安装尿分流式或非分流式坐便器。市场上几种大小不同、容量各异的装置价格为14000～20000挪威克朗（2000～2800美元）。

3．墨西哥

20世纪70年代中期最初由雨诺·温布拉特（Uno Winblad）在坦桑尼亚研制的太阳能加热双坑式厕所，20世纪80年代初在墨西哥由原研制者和裘斯芬娜·米娜（Josefina Mena）和替代技术集团（Grupo Technologia Alternativea）作了改进，称之为色多赛可（Sirdo Seco）（见图3-14）。这种生态厕所是用玻璃钢和聚乙烯制造的，从1987年开始进行生产。

墨西哥的设计与越南的厕所一样，其粪室分为2格。在分隔墙上部有一个活动挡板，可以使粪便落入其中一个粪便室内。当这个粪室满了后，粪便就导入另一粪室（见图2-5）。这种厕所也有单坑式的。

处理室伸到上部结构的外面，装有同时也是简易太阳能加热器的盖子。当盖子面向太阳时，粪室中粪堆表面的温度提高，使蒸发加强。

不同型号的预制坐便器和用太阳能加热的粪室价格为2500～3100墨西哥比索（227～282美元）。而上部预制结构的价格为2072～2485墨西哥比索（190～226美元）。

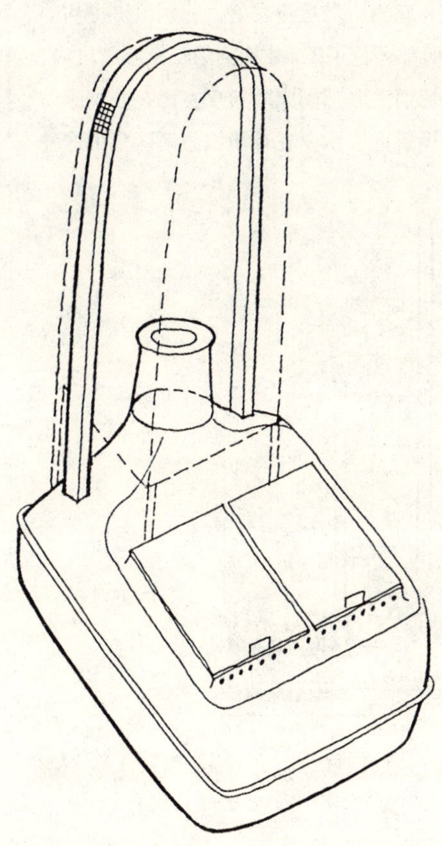

图3-14 墨西哥"色多赛可"（Sirdo Seco）太阳能加热双坑式堆肥型厕所。整个厕所、包括上部结构原来是用玻璃钢制成的，从1996年开始用聚乙烯旋转模型制作[22]。（设计：裘斯芬娜·米娜（Josefina Mena），墨西哥城，1987）

太阳能加热堆肥型厕所已在墨西哥使用了20年，效果很好。这种轻型预制厕所的特殊优点是活动式的。居住在贫民区的居民常常被一纸通知赶走。发生这种情况时，他们可以设法掏空厕所，把它像一件家具那样带走。

框 3-2 密克罗尼西亚环境清洁中心（CCD）研制的厕所

1992年，绿色和平组织和当地人员在密克罗尼西亚联邦的雅浦（Yap）岛上，用混凝土块建造了CCD设计的样厕（见图3-15），由4个大人和3个小孩正常用了1年。1994年，CCD又在波纳佩（Pohnpei）岛上造了4座稍加改进的厕所，供6～12口之家使用。定期的外观检查表明，储粪池里发生了生物降解作用，剩余的水分全部蒸发了。所有使用者都对这种厕所表示满意，并反映没有臭味。特别值得注意的是，波纳佩岛气候潮湿，年平均降雨量近5000 mm。到1997年5月，项目组一位成员在作了外观检查和与户主的交谈后，报告说所有这4座厕所均运行良好。特别值得提到的是，除了1座以外，其余3座示范厕所都运行了2年才换到第二个降解坑内，说明处理容量比预期的大。密克罗尼西亚联邦国家政府现在已在波纳佩岛上建了至少40 多座厕所，而国家环境署已表示要在环境敏感地区应用这种厕所。

图 3-15 带有温室和蒸发蒸腾床的CCD堆肥厕所。（设计：戴维·德·波多(David Del Porto)，美国马萨诸塞州康考特（Concord），1992）

3.1.4 土壤堆肥型厕所系统

1. 印度拉达克（Ladakh）

拉达克位于干旱的喜马拉雅山西部高原地区，高程3500m。大多数传统房屋楼上有一个室内厕所（见图3–16）。由于气候极端干燥，在不分离尿液的条件下，也可能采取土壤堆肥和脱水相结合的方法对人的粪便进行处理。

图3–16 印度拉达克（Ladakh）传统的脱水型室内厕所。

在楼上厨房或起居室隔壁一个小房间内，有来自花园的一厚堆土。楼板上有一小孔通向底层的小房间，该房间只能从外面进入。人们在楼上的土堆上解便，然后把粪连同土通过孔洞铲到下面，小便也同样流下去，还不时加入厨房的灰。当需要时，住户会把土壤运到房间内。在漫长的冬季（9月至次年5月），在楼上的厕所一角总是堆放着土壤，还放着一把铁锹或铁铲。这里便后一般不擦拭。经过堆肥处理的粪便在春季和夏末运走并撒在地里。

只要对厕所妥善维护、并且每天把足够的土壤推到洞下去，就没有臭味。但有时，如果尿液溅在厕所地板上的土壤时，会产生微弱的氨气味道。由于土壤/粪堆很干燥，没有苍蝇，这一系统已在当地农村用了几百年，但近年来，在勒赫（Leh）镇的中心地带，由于住户弄不到土，这种厕所的使用产生了一些问题[23]。

框 3-3 19 世纪的土厕所

19世纪下半叶，在英国喜欢水冲式厕所的人们和那些仍钟爱土厕所的人们之间发生了一场剧烈争论。1838 年，托马斯 · 斯文布尼（Thomas Swinburne）获得了第一个土厕所的专利，但是他的设施没有被广泛采用。25年后，亨利 · 毛尔（Henry Moule）的工作带来了一个突破。他把来自家庭粪箱里的粪便埋入院子内做试验，发现3～4周后再也看不见埋入物料的痕迹。毛尔（Moule）继续设计了一种厕所，可以把一定数量的土壤从坐便器后面的一个漏斗中撒在新鲜的粪便上（见图3-17）。他进而建立了“毛尔专利土厕所有限公司”，并且开发了豪华型的以及用于兵营、学校和医院的便器。其他许多发明者为半自动撒土的设备申请了专利。这些便器在松开盖子上的压力，或者踩一下脚踏板时，土壤就会自动撒入。

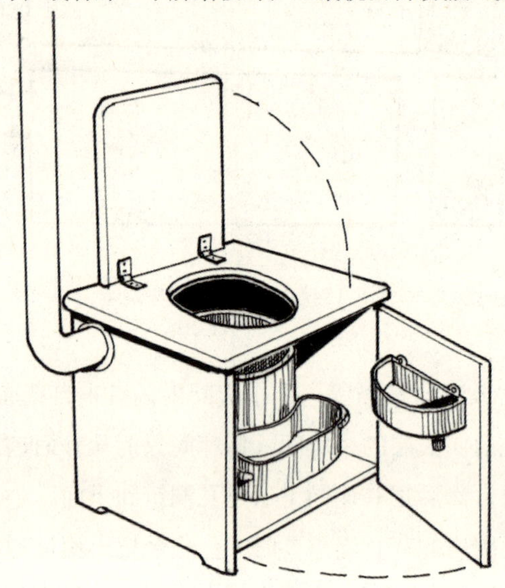

图 3-17 亨利 · 毛尔（Henry Moule）的土厕所，约在 1860 年前后。

亨利 · 毛尔（Henry Moule）是一个积极的宣传员，他用小册子来宣传土厕所的优点和水冲式厕所的存在的问题。1861 年，他出版了《国家卫生和财富》，这本小册子得到了广泛的好评。1868 年 8 月 1 日的柳叶刀杂志（Lancet）报道，148 个他所提倡的土厕所已经由位于伦敦的温布尔顿（Wimbledon）军队营地使用。其中有 40 个每天使用者达 2000 人，没有任何人反映有臭味。1860 年，许多学校改水冲式厕所为土厕所，因为它们更可靠，而且易于维护[24]。

2．津巴布韦

彼得·摩根（Peter Morgan）在津巴布韦把生态卫生方法应用于传统的坑式厕所，开发了一系列低成本的堆肥型生态厕所。他把这些厕所称为阿保罗（Arborloo）厕所、福萨阿托纳（Fossa Alterna）厕所和思加罗（Skyloo）厕所[25]。它们适用于温暖地区。

阿保罗厕所（见图3–18）由一个浅坑组成，上面盖着一块蹲便板（见图2–3）。每次粪和尿落入坑内后都要覆盖土壤。如果在坑内加入木屑和树叶，则更能改善堆肥过程。近似的混合比例是50%粪便和50%添加物（土壤、灰、树叶）。当坑快满时，蹲板和上部结构就移去，坑内用土填满。

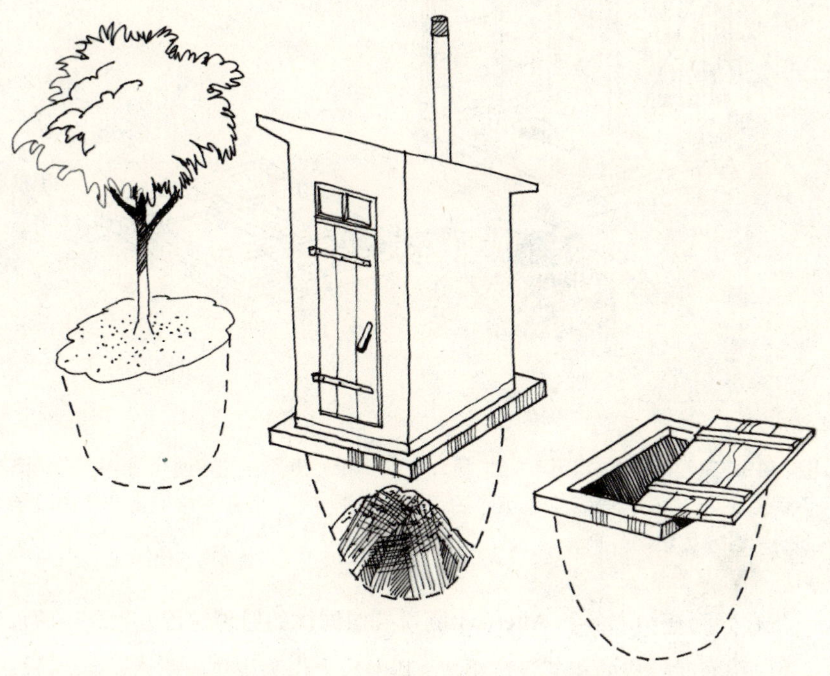

图3–18 津巴布韦的阿保罗厕所。当第一个坑满了，就在上面种一棵树。上部结构移到新坑上，如此重复。

土壤稍浇些水，把树种在坑的上部添加进去的表土中。幼树的根先在上部土壤中生长，再长入下部已变成腐殖质的混合料中。这种厕所的思路是在6～12个月里用浅坑作厕所，再种植树木，然后转移到另一处，不断重复这一过程。每6～12个月挖一个新坑，栽种一棵树，从而逐渐就形成一片果园或树林。

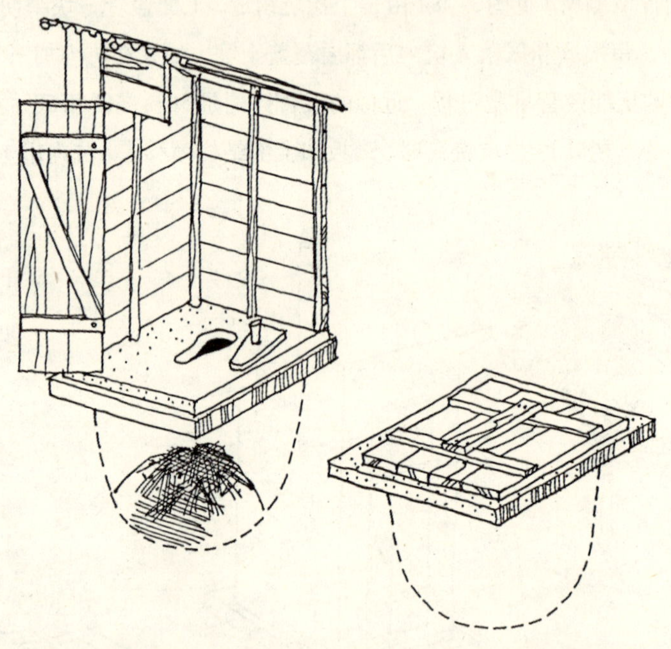

图3-19 津巴布韦的福萨阿托纳（Fossa Alterna）厕所。先挖两个浅坑。一个满了后，用另一个；当第二个也满了后，再清空第一个，其中的堆肥用作自家院子里的肥料或土壤调节剂。

福萨阿托纳（Fossa Alterna）厕所按照同样的原理运行（见图3-19）。它由2个同时挖成的相邻浅坑组成，其中一个作为浅坑厕所用一年，另一个用盖子盖住。与阿保罗厕所一样，每次粪和尿便入坑内后，要盖一层土壤。还要求定期加入木灰和树叶，这样会形成较好的最终产物。当使用中的坑快满时，把蹲便板及上部结构移到第二个坑上。在第一个坑中填满土壤。到第二年两个坑都满了。

这时打开早先的坑，把已变成为富含养分和微生物的肥土移走。这些土可与地里贫瘠的表土混合，大大提高其肥力（有关内容亦见第5章）。蹲便板和上部建筑再移回到原来的坑上。土壤中的生物对粪便和手纸进行分解。彼得·摩根建议，坑中物料至少堆肥处理1年才能移去。

思加罗（Skyloo）厕所（见图3-20）是一个尿分流厕所。它有一个浅坑，其中放一个可移动容器，例如一个桶用来盛粪、手纸以及在每次便后加入的土和木灰的混合物。尿的分流方式与本章前面叙述过的越南型厕所相同：桶里的物料定期移去，放到二次堆肥地点——一个罐子或者浅坑，其中加入更多的土壤并保持潮湿。在数月内，二次堆肥点可形成养分丰富的腐殖质。在与思加罗厕所联建的二次堆肥点中，存放时间通常要6～12个月。

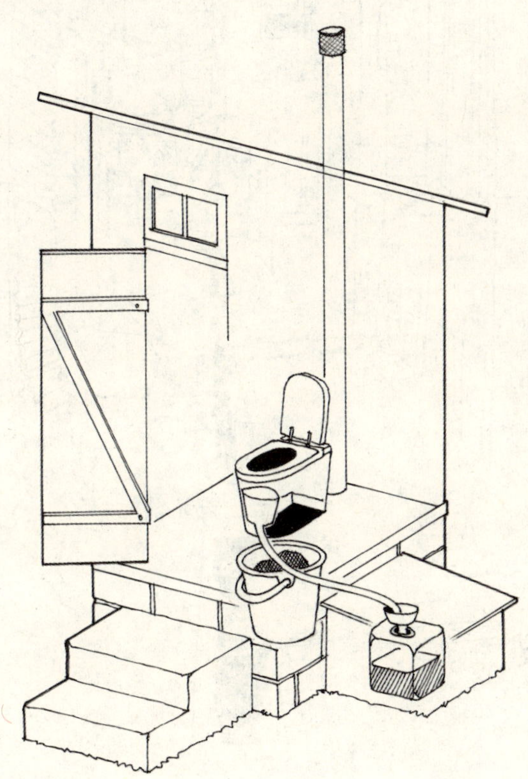

图3-20 津巴布韦思加罗（Skyloo）厕所。尿分流坐便器把尿液通过一根管子引入储尿罐。粪直接落入坑中的桶内。每次便后，加入干土和木灰。

3.2 城镇地区

3.2.1 双坑脱水型生态厕所

1. 萨尔瓦多

在墨西哥和中美洲的城镇中，有许多供临时使用的双坑脱水型厕所的实例。萨尔瓦多就有这样一个例子：赫摩萨 · 普罗文希亚（Hermosa Provincia）是圣萨尔瓦多市中心的一个行政区，建筑拥挤，居民收入很低。由于缺水，空间狭窄，土质坚硬，所有 130 个家庭在 1991 年都建了拉斯夫 (Lasf) 厕所 (见3.1.1 中美洲和墨西哥)。由于房屋之间空间很小，

图 3-21 在赫摩萨 · 普罗文希亚（Hermosa Provincia）的街道示意图。这是圣萨尔瓦多市中心一个人口十分稠密的公共属地上的贫民区，每个家庭都有自己的拉斯夫厕所，大多数挨着房屋建，有些也建在家里。

而且通常没有后院，拉斯夫厕所常建在家居房屋旁，有时也建在家里（见图 3-21）。

赫摩萨 · 普罗文希亚的厕所都已用了 6 年了，由于所在社区的大力支持与积极参与，这些厕所运行仍然十分良好，没有臭味，处理室内也没有苍蝇滋生。厕所里的干肥用于开荒或者装在袋里出售。

联合国人居计划署估计，如果不采取有力措施和具体的行动，则在未来 30 年内，贫民居住区的人口将增加到 20 亿[26]。赫摩萨 · 普罗文希亚的例子表明，生态卫生厕所可以成功地用于贫困的、人口稠密的城市贫民居住区。

2．墨西哥

墨西哥的塞萨 · 阿诺夫（César Añorve）花了 20 年时间来推广越南型厕所。经他改进的越南型厕所达到了很高的标准：建于室内，用玻璃钢或混凝土制造的活动型尿分流式坐便器（见图 2-2）。

这种表面抛光的混凝土坐便器加一个小便器在 2004 年的价格是 506 个墨西哥比索（46 美元），玻璃钢坐便器价格是 1150 个墨西哥比索（105 美元）。

3．瑞典

马茨 · 伏盖斯（Mats Wolgast）教授在 20 年前研制了适用于瑞典的越南双坑脱水型厕所（见图 3-22）。尿液用少量的水（约 0.1L）冲到地下储存罐内，罐容积通常为每人 0.5 m^3。尿液被定期清运到农场中作为肥料，粪和手纸掉到密封坑中一个 80 L 的塑料容器内。排风扇把空气从浴室抽到厕所下面的处理坑内，通过通风管道排走。

经过 2～3 个月，容器盛满粪后被挪到一边，再放入一个空的容器。盛满粪的容器在坑内存放6个月。脱了水的粪便可以在一个通风的堆肥室内进一步处理——二级处理，（见图 2-4），碳化或焚烧。

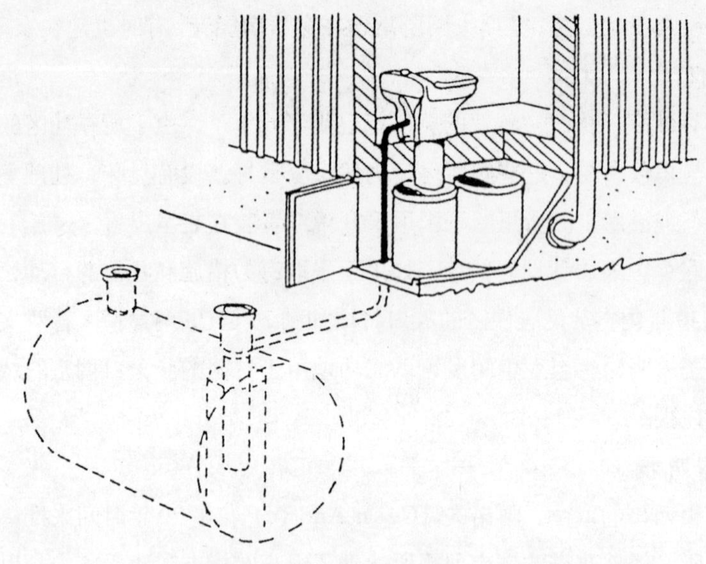

图 3-22 瑞典建在室内的脱水型厕所。粪和手纸掉入一大桶内，尿通过管子流入地下储存罐内。（设计：瑞典斯德哥尔摩伏斯特·曼（Wost Man）生态有限公司，1991）

陶瓷材料的尿分流式坐便器 2004 年的零售价格约 3000 瑞典克朗(450美元)。此种厕所，包括坐便器、排风扇、处理室、运输用容器和1000L的尿罐在瑞典的总价格为 7000～10000 瑞典克朗(1000～1400 美元)。

目前在瑞典建了约3000座这类厕所，用于周末度假房、常住房、公寓房、工厂和机关单位。

3.2.2 长落粪管脱水型厕所

1．也门

萨那（Sana）的老城区如同也门其他城镇一样，建有很高的传统式房屋，在狭窄的街道上矗立着5层～9层的楼房。一座房子常常由一个大家庭所有。楼房的上层在一根竖井（长而窄的竖直通道）旁，有一两个厕所间或浴室。图3-23表示了这种长竖井如何从房子的顶部一直通到街道平面。

房中的每个浴室有一个厕所。尿液从蹲便板流进石头地板上的一条槽内，然后从墙上的一个孔口，流到房子外的竖直墙面上。尿液在流下去的过程中蒸发掉，粪通过蹲便板上的孔沿着竖井掉入位于街道平面的坑里。干粪被定期收集，然后在临近的公共浴室屋顶上晒干，最后用作烧水的燃料。

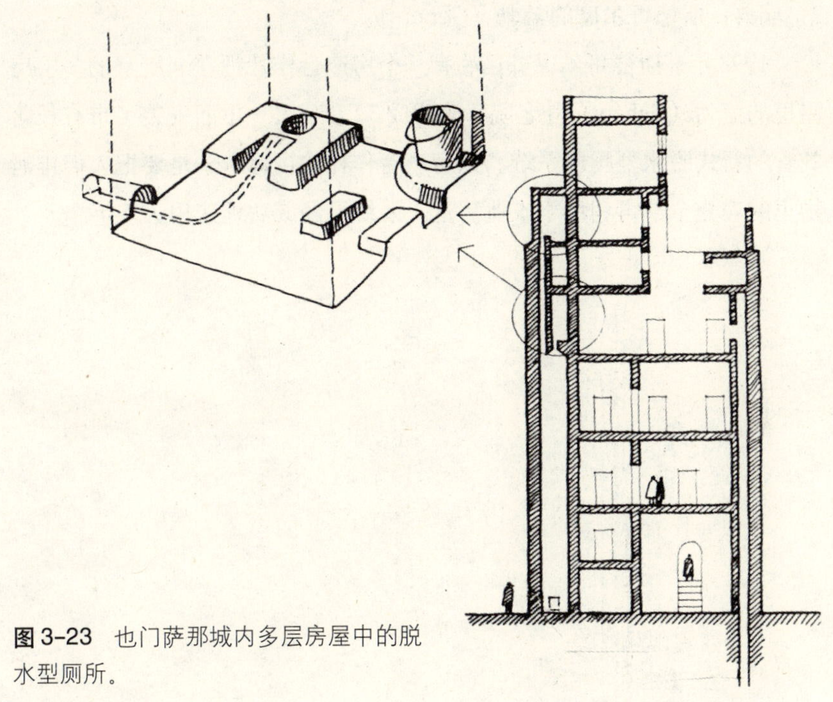

图 3-23 也门萨那城内多层房屋中的脱水型厕所。

便后清洗在蹲便板旁一对方石板上进行。清洗用的水和洗澡水也与排放尿液的方法一样排走。因此，没有水会进入长竖井和下面的坑内。由于萨那天气很热又干燥，粪干得很快[27]。

厕所隔壁一般放置一盆炭火，也门人在早晨便后清洗完后，就蹲在上面烘干[28]。

这是把生态厕所应用于城市地区多层房屋、并且由专门人员集体收集脱水粪便的例子。它也是在人们习惯便后水洗的地方、应用非水冲式厕所的例子。在也门的城镇中，这种系统已经成功地用了几百年。厕所里没有臭味、也没有苍蝇，尿液和清洗水被蒸发掉；粪便的无害化通过三步完成：先是就地脱水，然后在公共浴室屋顶在阳光下晒干，最后当作燃料再利用。

现在，这个古老系统被水冲式替代了，由于大量的水用于厕所冲洗，因此导致耗水量猛增。而耗水量增加的结果是，萨那的地下水位每年下降6m，世界银行预测它的水源将在2010年被消耗尽[29]。

2．瑞典：斯德哥尔摩的盖勃（Gebers）

1998年，斯德哥尔摩郊区，有一个房产合作社把在一所空的多层房屋里的盖勃（Gebers）养老院，改建成32套公寓，里面安装了带有长落粪管的新式脱水型厕所系统。该房产合作社的目标之一是要把人们排泄物里的养分全部再利用于农业。这一系统已经成功地应用了6年[30]。

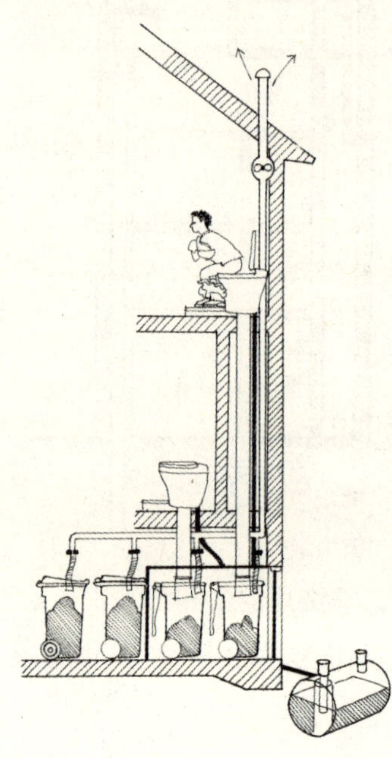

图3-24 斯德哥尔摩盖勃地方的房产合作社把生态卫生厕所用于已建房屋的例子。（设计：安德斯·萧贝克（Anders Schonbeck），瑞典里塞克（Lysekil），1996）

3．中国：内蒙古鄂尔多斯

与斯德哥尔摩的盖勃楼房相似，现在中国内蒙古鄂尔多斯市一项大规模的生态卫生项目中正在采用相同的方法进行试验（见8.1.4）（见图3-25）。2004～2006年将陆续建成约760套公寓，配备脱水型、尿分流式厕所和小区家庭灰水处理系统，并建立公共的收集和管理系统。

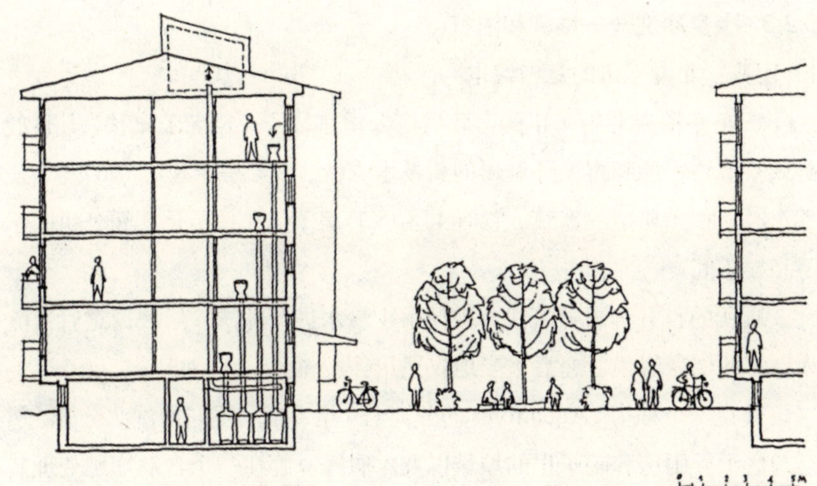

图3-25 中国内蒙古鄂尔多斯市"中国—瑞典鄂尔多斯生态城镇项目"中楼房群内的尿分流长落粪管型厕所。在中国制造的这种厕所是专门为多层房屋设计的。(设计:雨诺·温布拉特(Uno Winbald)和卡尔·莱特勃(Karl Rydberg),瑞典斯德哥尔摩,2004)

每个厕所下面的落粪管子下方放置一个活动式粪桶，粪便的初级处理就在其中进行（脱水、提高pH和储存一定时间）。活动粪桶带有轮子，由管理工人定期收集粪便并运送到临近的生态站进行二级处理。

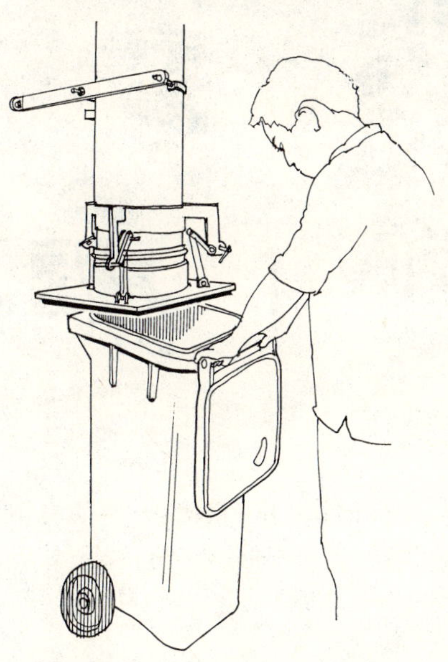

尿通过管道从厕所流到楼房附近的储存罐内储存。家庭灰水用管道输送到小区生态站进行处理，然后再用于灌溉。图3-26为带有密封盖的初级处理室的示意图。

图3-26 带有密封盖的初级处理室。(设计:王新和卡尔·莱特勃(Karl Rydberg),中国内蒙古包头和瑞典斯德哥尔摩,2005)

3.2.3 少量冲洗——堆肥和沼气

1．瑞典：北雪平市的意考泼屯

1996年瑞典北雪平市的市政房产公司重修了一座老公寓楼，其目的是试验节约资源和再循环利用的新技术方法。该楼房原建于1967年，是那个时期相当典型的建筑。它有4层18套房子，在顶层是几间公用的学习和娱乐间。

厕所的设计为尿分流式，粪便用少量水进行冲洗。尿液通过管道流入地下的储尿罐内，之后被当地农民用作肥料。

粪在一个称为“Aquatron”的分离器（见4.3.2）里与冲洗水分开，然后与废纸、厨房和院子里的垃圾以及木屑等一起在一个自动堆肥处理装置中进行堆肥处理。堆肥产品由住户用于蔬菜和花卉的种植。

在“Aquatron”分离器中与粪分离出来的水用紫外线照射消毒，然后与家庭灰水一起集中到一个三格沉淀池内。之后它们又通过水渠进入芦苇床内，让植物把水中的养分吸收掉，再流入小溪内[31]。

图3-27 瑞典北雪平市的爱考泼屯居民楼今貌。这是一座4层楼房，有18套现代化的高级公寓，它们经过改建并安装有处理粪、尿、厨余有机垃圾以及家庭灰水的生态卫生系统。（设计：克里斯特·维勃（Krister Wiberg）和约翰·冒林（Johan Morling），瑞典斯德哥尔摩FFNS，1994）

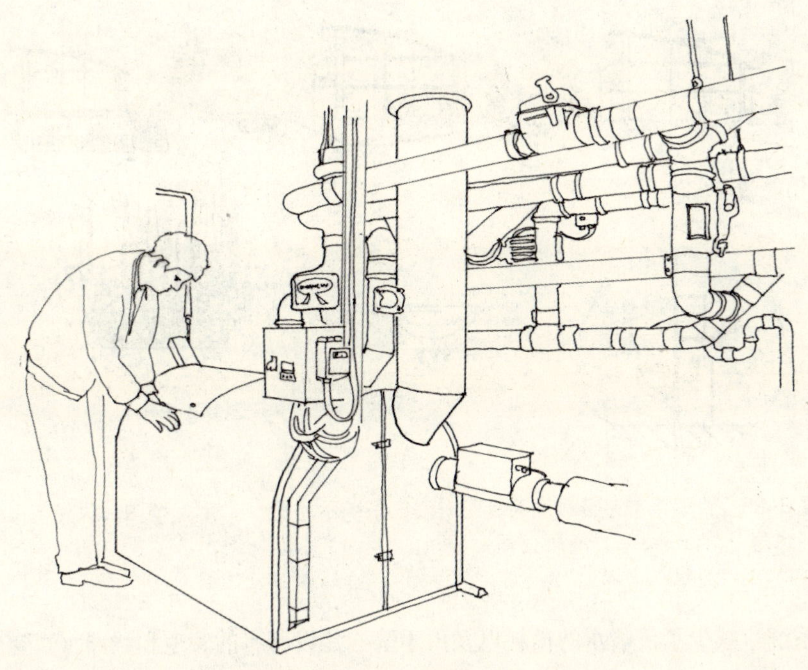

图 3-28 意考泼屯为 18 套公寓服务的堆肥设备。

2．**德国：吕贝克市的弗林顿勃莱**(Flintenbreite，Lübeck)

德国吕贝克市弗林顿勃莱新郊区的一项房建项目，实现了一个“综合”的卫生理念。它包括了真空抽吸厕所和利用粪便水和厨房垃圾的沼气厂。这是一个城市地区可持续卫生系统的示范项目，该项目约有350个居民和3.5公顷土地，由奥托华瑟（Otterwasser）有限公司与吕贝克城市当局合作设计。

吕贝克系统包括三部分水处理系统：(a) 粪便水和厨房垃圾；(b) 灰水（不包括粪便水的家庭污水）；(c) 雨洪。该系统由一个真空厕所（每次冲洗用水0.7L）、真空型粪便水输送设施和一个采用厌氧方式能同时处理固体有机垃圾的沼气池。产出物为可用于农业的液体肥料和可与天然气一起用于供暖和发电的沼气。灰水用分散式的人造湿地（生物——沙层过滤）处理，部分雨洪被收集起来回用，洼地用作存蓄和入渗。

该系统造价与该地区内常规系统差不多。由于不需要集中污水处理

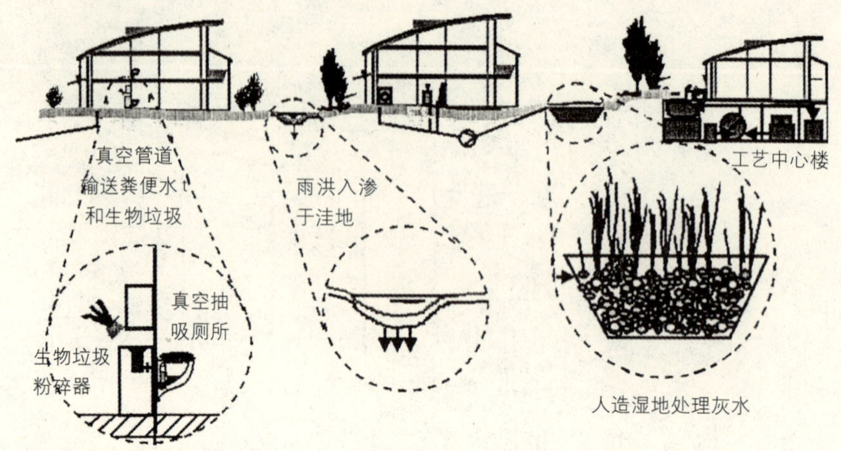

图3-29 吕贝克市弗林顿勃莱真空—沼气系统示意图。（设计：德国吕贝克市奥托华瑟（Otterwasser）有限公司，1994）

系统、减少了清洁水的消耗以及由于统一建设所有的管道和线路（真空下水道、地方供暖和供电、供水、电话线和电视线等）从而节省了资金。

由于应用了沼气和替代了工业肥料，这个真空—沼气系统处于能量正平衡的状态。大多数氮、磷、钾养分回归了土地。碳的回归不仅改善了土壤养分，而且由于增加了碳的储存，有利于减缓全球变暖。土壤中有机物的增加意味着肥沃的农田[32]。

第4章　设计和管理要点

需要指出的是，上面章节里介绍的生态卫生系统目前还没有得到公众广泛的认识和理解。只有公众清楚地知道它们在什么条件下适用，如何维护运行，生态卫生系统才能在真正意义上进行推广和应用。如果人们还不熟悉它的一些特点，例如尿分流式的坐便器和蹲便板或蹲便器，那么很有可能会因文化习惯而不接受这一系统。此外，生态卫生厕所比常规的坑式厕所、通风改良式厕所、倒水冲洗或水箱冲洗厕所更需要进行宣传、支持、教育和培训。然而由于其对环境和人类健康的巨大好处，这些努力和投入是十分值得的。

当今世界上许多生态厕所的应用，使人们获得了很多生态卫生系统的知识。中国和越南农村有几十万户家庭拥有双坑式厕所，许多人把这些厕所的产物用于农业；拉丁美洲有几千座类似的厕所；北美洲和斯堪地那维亚国家，各式各样的生态厕所已占有市场几十年了（主要用于度假屋）；在拉达克（Ladakh）和也门，旱厕已用了几百年；印度和非洲使用的生态厕所数量也在增加。这些国家和地区中生态卫生厕所的应用有成功的经验也有失败的教训，从中我们都可以学到东西。

本章将介绍生态卫生厕所系统设计和管理上的特点，以防止在设计和管理中犯错误。本章将首先从总体上介绍选择合适生态卫生系统的影响因素，然后讨论处理尿液和使粪便无害化的可能性和方法，最后将讨论一些设计方案。

4.1　设计和管理的影响因素

许多当地的因素会影响对生态卫生厕所系统的选择：

(1) **气候**：温度、湿度、降水和太阳辐射。在干旱地区，使粪便无害化最容易的方法是脱水，而湿润地区则用堆肥法更容易成功。

(2) **人口密度和居住方式**：有没有足够的空间进行就地或异地处理、

储存和在当地循环再利用。

（3）**社会/文化**：习俗、信仰、价值观和实践经验会影响卫生系统设计中的社会性因素以及它是否能为社区所接受。但应指出，这些事情并非一成不变的。在绝大多数社会里，新鲜事物总在不断发展和进步。

（4）**经济**：个人和社区作为一个整体对卫生系统的资金支持。

（5）**技术能力**：当地技术力量和装备所能支撑和维持的技术水平。

（6）**农业**：当地农业和家庭园艺的特点。

（7）**组织支撑**：法律框架、政府、企业、财政机构、大学和非政府组织对生态卫生概念的支持程度。

4.2 粪的处理

生态厕所系统的初级处理通常是脱水法或堆肥法，也可以是两者的结合。初级处理的目的是杀灭病原体，防止病害，以便于以后的运输、二级处理和最终使用。

4.2.1 脱水

脱水是通过蒸发或加入干物质（灰、锯末和谷糠）把处理室或容器内物料的含水量降低到25%以下。不能让水分、尿和湿的植物枝叶进入处理室。由于含水量低造成有机物质很少分解以及干物质的加入，粪堆体积减少不多。干燥后的粪堆较松散，它还不是堆肥，而只是一种富含养分、碳和纤维物质的混合物。

脱水是杀灭致病生物的途径，是通过去除病原体生存所需要的水分而达到的（见2.3）。在含水量低的条件下，不会有臭味，也不会有苍蝇滋生。由于难于被微生物降解，卫生纸或其他扔进处理室里的物质不管储存时间有多长也不会分解。所以，卫生纸应另行处理（通常烧掉），或者是在二级处理过程中进行堆肥处理。

在脱水型厕所里，尿必须分流。有便后水洗习惯的地方，清洗后的水或者单独处理，或者和尿液混合一起处理。

4.2.2 分解

分解（堆肥处理）是一种复杂的自然生物过程。在此过程中，有机物质被矿化并转化为腐殖质。分解的速度受堆肥体内许多环境因素的影响，如含氧量（通气）、温度、湿度、pH、碳氮比（C : N）、微生物对养分的竞争以及有机体分解时产生的有毒副产物。

下面的文字是根据伦敦麦克米兰出版社（Macmillan, London）1985年出版的雨诺 · 温布拉特（Uno Winblad）和文 · 基拉马（Wen Kilama）所著《无水厕所》（Sanitation without water）一书的第9章编写的。

1．通气

粪堆内的微生物有些需要在有氧条件下才能分解有机物，这种微生物属好氧微生物。而不需要氧气的称为厌氧微生物。还有许多微生物是兼氧的，即在有氧和无氧的条件下都能生存。空气进入处理室或粪堆内部，在粪堆表面是好氧过程，而在堆内部则常常是厌氧过程。在好氧条件下，分解作用较块而且没有臭味产生；在厌氧条件下分解作用较慢，气味不好，放出的热量比起好氧条件下少得多。蚯蚓等昆虫在粪堆内钻来钻去，对通气起重要作用。

2．温度

高温（温度超过60℃）好氧堆肥过程会有效地杀灭大多数致病生物体。但是在堆肥厕所里，这样高的温度实际上难以达到。粪堆的体积太小，又在不断压实，经常翻堆来通气比较困难又不是件愉快的事。只是偶尔在粪堆的某个局部会产生较高的温度。要提高整体温度，以加速分解和杀灭病原体，应加入大量（4～5倍粪的重量）的富碳物质，如杂草、谷糠、木屑和厨余垃圾等，再不时翻堆以保证供给粪堆体内部充足的氧气。

要记住，温度并非是惟一杀灭病原体的重要因素。杀灭病原体是温度和时间两方面作用的结果，所以只要物料储存时间足够长，在较低温度下也能使病原体杀灭到可以接受的水平。许多情况下，广泛采用的粪堆管理方法是把粪在较低温度下储存较长时间。大多数堆肥型厕所设计的储存时间为8～12个月。

3．水分

在堆肥型厕所中，当物料含水量为50%～60%时，杀灭病原体的效果最好。含水量太高时，物料变得湿而密实，有机体得不到足够的氧气；含水量太低时，微生物又会因缺乏水分而导致其活性降低。

造成堆肥型厕所特别潮湿可能是由于下面一些因素的组合：湿润气候、便后水洗、过多的尿液进入粪室、使用人太多（尿液太多，超过了处理液体的能力）、没有加入有机垃圾、处理室没有通风、雨水、地面径流或地下水进了处理室等。这可以通过安装尿分流式坐便器或蹲便器把尿分流到一个单独容器内来解决。另一个办法是采用某种渗水型地板，使液体渗走，或者最好引到另一处蒸发掉。

4．碳氮比例

微生物的食物包含碳和氮以及其他养分。碳提供能量而氮使微生物生长。粪料最初混合物的最佳碳氮比（C：N）范围为15：1～30：1。

粪和尿、特别是尿里都富含氮，所以最好一开始在处理室内加入富碳物质，如碎草、菜叶、秸秆、谷糠、木屑或者上述物质的混合物。在粪堆内加进这些物质能增加碳氮比。把尿分流走也有着同样的作用，可以减少氮含量从而降低对碳的匹配要求。分层加入精细粉碎的富碳物质也有助于为堆肥体供氧，达到快速而完全的分解。

5．堆肥型厕所中的生命

生活在堆肥体中多种有机体能使粪分解。它们的大小从病毒、细菌、菌类和藻类一直到蚂蚁、蛆、蜘蛛、土鳖和蚯蚓。它们的活动可加快分解作用。蚯蚓等昆虫在堆体内进行拌和并充氧，把物料咬碎。在有利的环境下，它们会繁殖，在堆体内掘洞，把有臭味的有机物吃掉，转化为腐殖质[1]。

4.3 处理液体

设计生态卫生厕所系统的一个基本问题是究竟实行尿分离还是让尿和粪在一个容器内混合。生态卫生厕所系统有两种处理液体的基本方案（图4-1）：尿分流和粪尿混合。采用后者时，要实现有效处理，除个别情

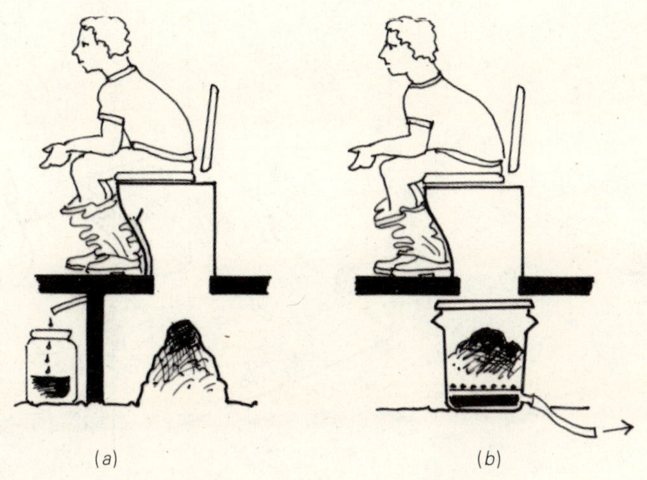

图 4-1 生态卫生厕所系统有两种处理液体的基本方案。
(a) 尿分流；(b) 粪尿混合

况外，液体和固体的分离应在晚些时候进行。下面我们将对两种方案——尿分离型和粪尿混合型进行讨论。

4.3.1 尿分流

实行尿和粪分离的理由有：

(1) 可以缩小具有潜在危险物质的体积；

(2) 尿液中的病原体很少；

(3) 尿和粪的处理方法不同；

(4) 简化了粪中病原体的杀灭方法；

(5) 减少臭味；

(6) 可以防止处理室里过分潮湿；

(7) 没有被污染的尿是一种良好的肥料。

尿分流需要有特殊设计的、功能可靠并为公众所接受的坐便器、蹲便板或蹲便器。避免尿和粪混合的基本思路很简单：上厕所的人在坐着或蹲着时是跨在某种隔墙上，粪在隔墙后面掉下去，而尿在墙前通过。

分开尿和粪的想法并不是新的，在中国的有些地方、日本以及在世界上其他地方，带有尿分流装置的简易厕所已经用了几个世纪（见图 4-2)。

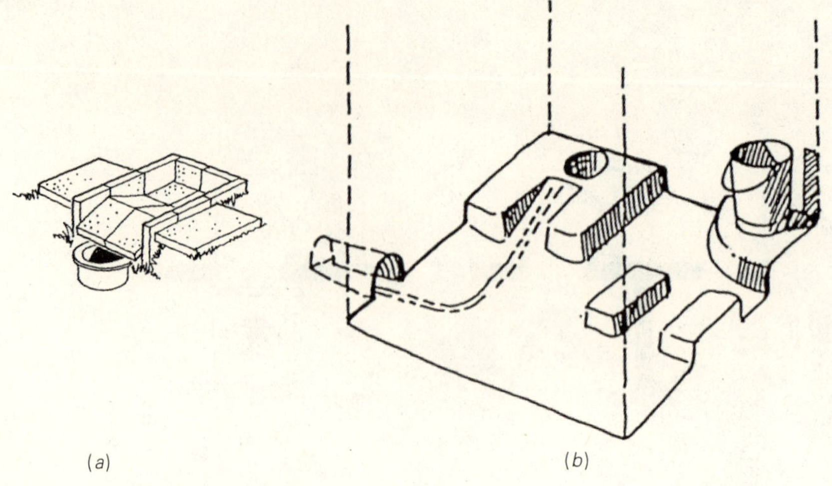

(a)　　　　(b)

图 4-2　传统的尿分流的例子。

(a) 中国的实例：每天都要清空，尿直接用作液体肥料而粪和其他牲畜粪一起堆肥[2]；

(b) 也门的实例：粪被脱水再当作燃料（见 3.2.2）

近些年来，有几家工厂开始生产尿分流式的蹲便器和坐便器（图 4-3）。粪掉入一个堆肥型的或脱水型的容器。

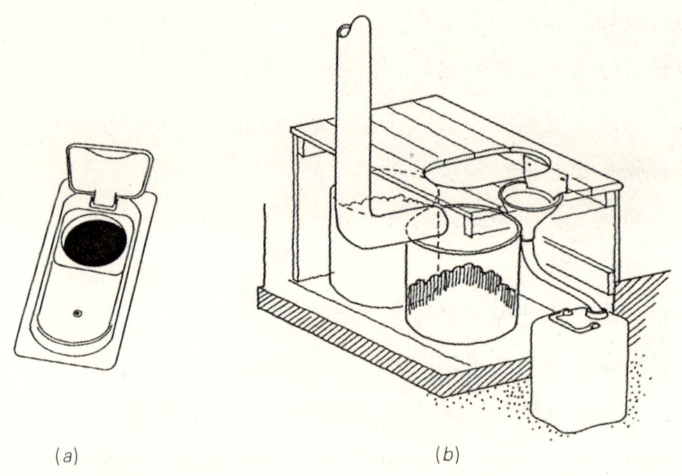

(a)　　　　(b)

图 4-3　新型尿分流的例子。

(a) 中国广西邕宁县制造的蹲便器。（设计：林江，1999）

(b) 玻利维亚爱尔·阿多（El Alto）的板凳式坐便器，木头材料，用一个标准的塑料漏斗收集尿液。（设计：雨诺·温布拉特（Uno Winblad），1997）

尿液收集后，可以直接在花园里使用或者渗入一个蒸发蒸腾床，也可以就地储存以便今后收集作为液体肥料或者进一步处理成为肥料干粉，图 4–4 显示了从粪便分离出来的尿液的几种处理方法。

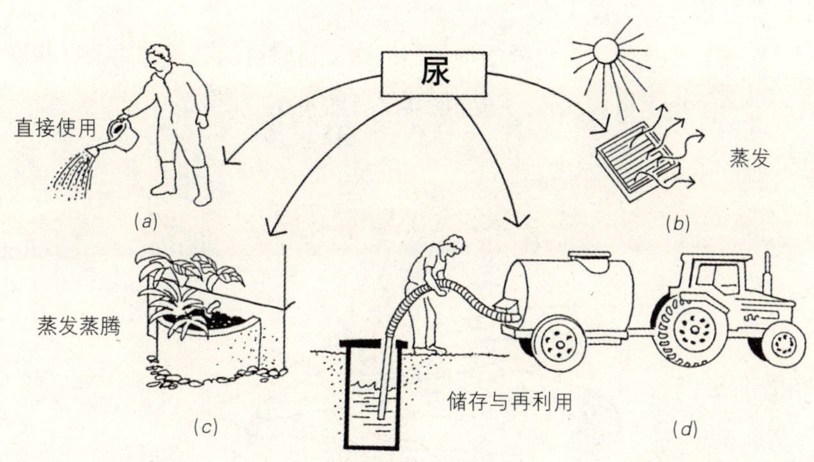

图 4–4 从粪便分离出来的尿液有几种处理方法。
（*a*）直接使用；（*b*）蒸发蒸腾；（*c*）储存与再利用；（*d*）蒸发

虽然尿分流厕所已有很长历史，这个概念在世界上多数地方仍不为人们所熟悉，许多人还难以相信它能正常运行。有时，第一次使用该系统的男性不相信能使用，而另外一些人则对女性能否使用心存疑惑。

图 4–5 尿分流。（绘制：赛萨·阿诺夫（César Añorve），墨西哥 Cuernavaca）

但实际使用的经验表明，不论是男人或女人，不管是坐着还是蹲下。这些厕所都能正常发挥其功能（图 4–5）。特别是，有些社区设计的厕所里有单独供男人用的小便器，因此那些喜欢站着小便的人就不必要去用坐便器或蹲便器小便了。

然而，小孩使用大尺寸的坐便器或蹲便器时有困难。为此，有些设计中把一个小座板放在较大的坐便器上（图 4–6）。

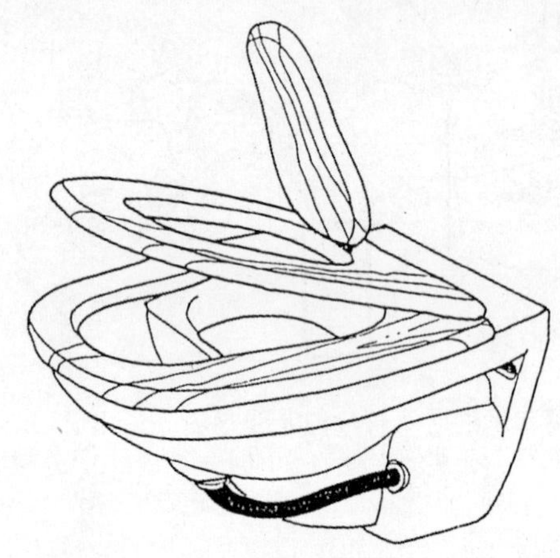

图 4–6 瑞典双板式（Dubbletten）尿分流型厕所（有一个较小洞口的坐便板供小孩用）。

4.3.2 粪尿混合

液体分离式厕所系统不需要特殊设计的坐便器或蹲便器。尿、粪以及在有些系统中还有少量的水，掉进同一个孔内，然后再使液体和固体分离。例如瑞典研制一种固定在处理室顶部，被称为“Aquatron”的设备（见 3.2.3 中的“2. 瑞典：斯德哥尔摩的盖勃（Gebers）”和图 4–7）。该设备没有移动部件，只是利用液体的速度把尿送入沿着一个像面包圈的装置内壁流走，而固体则掉入中间的孔内。

图 4-7 Aquatron 设备。该分离器放在一个处理容器（堆肥型）顶部，用以分离来自小水量冲洗厕所的液体和固体。液体在另一个容器里用紫外线消毒。

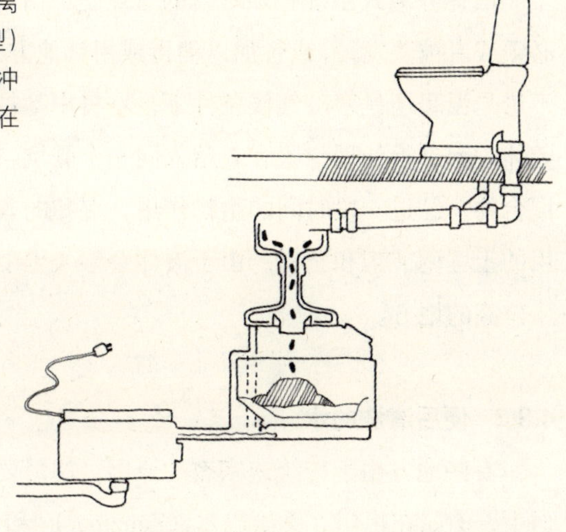

把液体从处理室排走的另外一种方案是通过一个网或一个多孔底板，如图 4-8 所示。

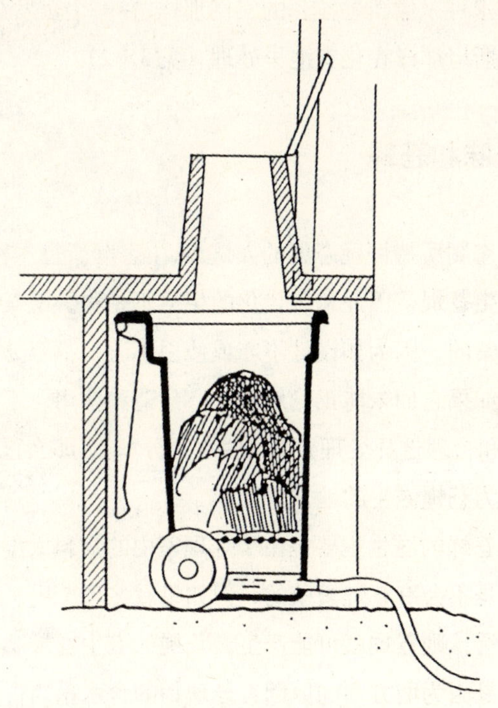

图 4-8 堆肥型厕所通过透水底板使液体分离。

液体分离式系统必须考虑的一点是：由于液体与粪便接触过，它们必须或者被蒸发掉，或者加以消毒或用其他方式处理后再作为肥料利用。不论是温暖还是寒冷气候条件下，农村中基本形式的厕所能够对液体和固体一起进行处理。尿和粪落入同一个厕坑，再加入干土或者土和灰的混合物。经过一段时间的生物作用，混和的粪尿和掺入的土就能形成有用的土壤调节剂和肥料。由于液体会渗入土中，这种方法不适用于地下水位高的地方。

4.3.3 便后清洗的水

有些地方由于传统或宗教的原因，便后要用水洗。在某些伊斯兰习俗中，例如在也门、桑给巴尔（Zanzibar）[3]和吉尔吉斯斯坦[4]，人们习惯在厕所孔上进行清洗。在第3章我们列举的印度和巴勒斯坦的例子表明，事实上可以改变厕所的构造和性能来满足这种传统要求。

便后清洗水可以像凯勒拉邦的实例那样，在一个蒸发蒸腾床内处理，也可以像巴勒斯坦那样在化粪池里处理（见3.1.2）。

4.4 防止臭味和苍蝇

某些对生态厕所持怀疑态度的人认为，生态厕所是一种低级的方法，会有臭味、产生苍蝇，因此和现代化的生活不相称。从某种意义上讲这种顾虑倒是正常的，因为如设计不当或使用不善，都容易对生态厕所系统产生影响。如果它们未能正确地设计、建造和使用，不去考虑自然环境、传统信仰和合理选择处理方式（脱水或分解），那么它们确实会产生臭味，甚至成为苍蝇滋生的地方。

在厕所内苍蝇的滋生主要是由于处理室内的物料太湿。正常作用的脱水型系统中是不会有苍蝇繁殖的，但如果有些环节出了问题而使处理室内的物料变湿，则苍蝇就可能产生。苍蝇的滋生在堆肥系统中的危险性更大些。这是因为两方面的原因：处理物的含水量高得多和苍蝇卵和厨房剩余饭菜倒入处理室。一个正确设计和建造的生态厕所的运行失败，主要原因很可能是处理过程变湿。在脱水型系统中，应通过加入干燥物质和通风，有时还应安装太阳能加热器使处理室内物料的含水率迅速降低到25%以下。分解型系统内，理想的含水率应在50%～60%之间。在达到此含水量的条件下，再在新鲜粪上盖以吸水物质，就不会有臭味和苍蝇产生，病原体也会很快被杀灭[5]。

4.5 家庭或社区对粪便的清空和处理

4.5.1 家庭管理

人们对生态厕所方案最不熟悉的方面，可能就是要以各个家庭为单位，把经过处理或部分处理的人粪搬运走。现有的大多数生态厕所项目，由于规模小且分散，这样做是必要的。因此每个家庭要对整个系统进行管理，包括：生态厕所的日常维护；每周或每月清空尿罐（池）；把尿液在园子里进行再利用；检查粪的初级处理室；每半年清空处理室和对处理室内物料进行二级处理；最终循环再利用已无害化的粪肥。只要进行积极和正确的指导，这些家庭是能够对整个系统进行有效管理的。

这个方法的好处是使用者能直接得到回报从而逐渐改善对厕所的管理，例如更加小心不让尿液和水流入处理室，多加入灰、石灰等。

当新房客或新的房主来入住时，问题可能会产生。因为人们对生态厕所还不是很了解，新主人也是新的使用者也许会不懂得如何正确使用。比如，在没有指导的情况下，他们会不清楚清空尿罐和处理室的必要性和方法，以及二级处理的必要性，等等。

4.5.2 社区管理

对于大型项目，特别是在城镇地区，生态卫生厕所的粪尿可以由市政或私人服务组织进行检查、收集和进一步处理以及销售。

二级处理可以在小区或集中式的收集中心进行。这个中心配备有经过训练的人员，称为生态站（见8.1.3）。

社区管理的优点是：能方便住户和使公共卫生更有保障。使用者只需要用好和管好自己的厕所。这样，生态卫生厕所的使用就能和与集中式下水道连接的水冲式厕所一样方便。而粪和尿的处理、运输和销售则由服务机构中训练有素的人员来进行，这样也能保证粪尿肥的质量。

4.6 其他技术选择

4.6.1 太阳能加热器

太阳能加热器可与厕所的处理室连在一起以加速蒸发。它在湿润地区以及当尿和水与粪混和时尤为重要。同时，在脱水型系统中，太阳能加热器比在分解型系统中更重要。

太阳能加热器的主要目的是加速处理室内物料水分的蒸发，也有可能会稍微提高处理室内粪堆的温度。有现象表明，有太阳能加热器时，病原体的杀灭更快些[6]。但是，粪堆温度的提高看来还不足以形成高温堆肥[7]。

在前几个章节中叙述了生态厕所里用的太阳能加热器，装有一块黑色的金属板，盖在处理室上接受阳光。这个金属板也可作为处理室进人孔的盖子（见图 3–14 和图 4–9）。

太阳能加热器必须安装适当，以能防水和防止苍蝇进入处理室。它还应密封严密，防止漏气。

图 4-9 越南庆和省（Khanh Hoa）Cam Duc 公社的芽庄巴斯德研究所的项目中，生态厕所带有太阳能加热器的处理室。（设计：雨诺·温布拉特（Uno Winblad）和童壮飞（Duong Trong Phi），1996）

4.6.2 单坑或双坑

迄今为止，大多数生态厕所都有两个坑，每个坑有一个坐便器或蹲板，或者有一个可移动的设施。双坑式设计的好处是每个坑可以交替使用——当第一个坑满后就封闭起来，用另一个坑；当第二个坑快满时，清空封闭坑内的物料（见图 4-10）。即认为经过某一段时间（6～12 个月，依气候而定）的储存而不加入新粪，该坑内的物料就可以安全运走。单个坑加上两个以上的可移动粪桶也能得到同样的效果。对于有社区管理的生态厕所系统而言，采用可移动粪桶可能比固定的坑或处理室更合理。

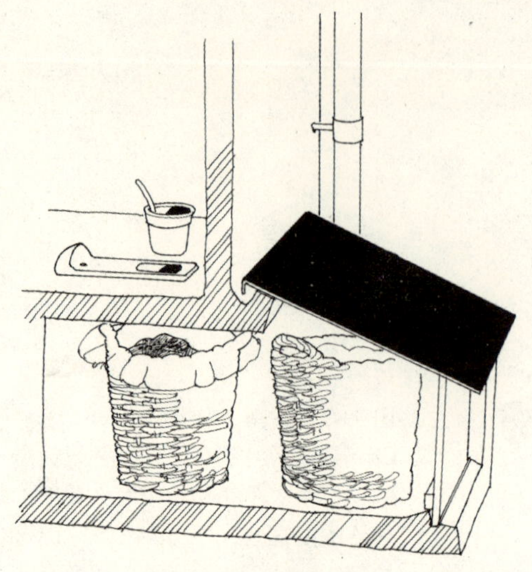

图4-10 有着可移动粪罐的单坑、太阳能加热式生态厕所。本例中有两个篮子。第一个篮子满了后，可以把它直接放在太阳能加热器下面，一直等到第二个篮子满了为止。

4.6.3 便后清洁用的材料

便后清洁用的材料因文化习俗的不同而异：有的用纸，有的用植物叶子、泥球或石头，而有的则如以前所述，采用水洗。向厕所里任意扔清洁用的材料，可能会造成一些问题。世界上有些地方的水冲式厕所下水道不能冲走大量的厕所用纸，因而要单独收集这些东西并放置在一个容器内，最后焚烧掉。另外有些地方，一些人把石子、玉米棒随意扔进水冲式厕所，结果造成厕所不能正常使用了。

干式系统则可以用任何一种纸和固体材料而仍能正常工作。上面曾讲过，干式系统甚至能适用于便后水洗的情况。

在堆肥型厕所的处理过程中，纸会分解掉，脱水型厕所则不能。但纸可以在堆肥型的二级处理中分解掉，或者采用炭化和焚烧处理。

4.6.4 吸收剂和蓬松物

吸收剂是指灰、石灰、锯末、果壳、碎的干树叶、泥炭苔藓末和干土等。它的作用是减少味道、吸收过多的水分，并且使粪堆变松，还能盖住粪堆，不让下一个使用者看到。吸收剂应在便后立即加入以便能盖住新鲜粪。在脱水型和堆肥型厕所中都可使用吸收剂。

蓬松物是指干草、细树枝、椰子壳的纤维、刨花等。它用于堆肥型厕所内，使粪堆蓬松，有助于通风。

19世纪在欧洲有许多“洒土马桶”。这种设施可以借助一根杠杆带动一个机械装置，把土或灰撒到粪便上。中国目前的生态卫生项目中也有相似的设施（见图4-11）。

图4-11 邕宁县生态村项目（见3.1.1）中学校厕所用的脚踏式机械撒灰器。（设计：林江，1999）

4.6.5 通风与充气

通风有几个目的：可以去除异味，可以使粪堆干燥，以及在堆肥型厕所中为分解过程提供氧气。但并非在所有情况下都需要通风管。越南双坑式厕所及其在中美洲的变型在建造时，就没有设通风管。所有室内的例子，如在斯堪的纳维亚国家、墨西哥、巴勒斯坦和中国，则都装有通风管。因此，是否需要通风管取决于气候、进入处理室内粪的湿度以及所要求的标准（处理室里装有作用良好的通风管时，由于空气从房间内通过坐便器或蹲便器的落粪孔抽下去，所以厕所间或浴室可以完全没有异味）。通风管直径约需10～15cm，在极端湿润的气候下，直径还要大，可以大到25cm，例如密克罗尼西亚的例子（见图3-15）。管道应尽量直，避免弯头造成阻力，并直通到屋顶以上50～90cm。必要时，通风管上还应装一个小型电动通风机。

堆肥基本上是一种好氧过程。许多起分解作用的微生物需要氧气，所以应向粪堆内通空气。有些情况下，处理室内装有多孔管，把空气带入堆内（见图3.12），也可以在堆内添加能产生空隙的蓬松物来帮助通气。

4.7 材料和工艺

像许多厕所系统一样，生态厕所系统很容易受到不良施工工艺和有劣质材料的影响。有时，如果是干燥型处理过程而处理量又很少时，对生态厕所系统的影响就较小。常见的问题是水渗入处理坑、尿管泄漏或堵塞或通风管堵塞。

4.8 维护

所有的卫生技术都需要维护来保证正常运行。运行和维护组织管理的好坏和生态厕所的设计工作一样，都对生态厕所系统的维护工作量有很大的影响。

好的设计可以使艰巨的维护量减少到最低程度，避免繁重的工作。例如，堆肥型系统经常需要加入蓬松物，定期进行检查以保证通风管不被垃圾、蜘蛛网、昆虫巢堵塞。有些系统可能需要把初步处理过的物料运到二次处理场。许多系统要求当坐便器或蹲板孔在不使用时，采取某些方法封闭掉。

所有系统要求定期检查和移去最终产物，尤其需要经常检查尿收集器、管道和储存容器。尿管应定期冲洗，防止流道堵塞和沉淀物积累带来异味。

生态卫生系统维护的关键是，使用者必须确保系统的正常使用。但是需要强调的是，许多运行和维护的业务，如清空厕坑、运送和二级处理等，可以由公共或私人的专门服务机构来承担。服务合同可以使家庭的负担减少到最低限度，同样也能使市政部门保证高标准的运行和维护。

第5章　养分的循环利用

生态卫生把人的粪便当作可循环利用的资源，而不是当作废弃物。世界上有许多地区把人粪便作为作物的肥料使用。中国人对人畜粪便进行堆肥处理已有几千年的历史[1]，日本从12世纪引进了人粪、尿农业利用的技术，一直用到20世纪50年代[2]。欧洲直到现代化以前，农民对人畜粪便的利用十分普遍[3]。

把粪便当作没有用的废弃物是现代社会的一种错误思想[4]。常规卫生方法，特别是“冲洗－排放”方法，是造成水污染的根源之一。自然界没有废物，所有生物体的排泄物都可以被别的生物当作原料来利用。把经过无害化或堆肥处理过的人粪、尿回归土壤，进行再利用，能恢复生命构成物质的循环，而这种循环已被我们现在的卫生方面的实践破坏了[5]。

5.1　为什么要循环利用养分

5.1.1　粮食供应的保障和扶贫

世界上有些地方，特别在次撒哈拉非洲，农民们由于干旱、土地缺少、土壤侵蚀、贫困（无钱购买足够的食物）以及政治因素而常常受到饥饿的折磨。世界上的城镇地区，尽管发展了城市农业，贫困人群还是由于贫穷而受到营养不良之苦。因此，在有限土地上生产出所有家庭所需的粮食是一种挑战。在农村和城镇地区，使用生态厕所具有养分的产物，可以提高所有家庭、特别是贫困家庭的粮食供应的保障水平。要保障粮食供应的同时又改善健康状况，使用这些产物时应遵从本章所提供的指南。

生态厕所的产物可以直接用于自己家庭的庭院种植。如本章所示，1.5L未经稀释的尿液可以用来为1m^{2}土地施肥。1.5L是一个成人一天的尿量，即使没有生态厕所，尿还是可以收集起来用于庭院种植以增加产量。要使尿能发挥最佳的肥效，应提高土壤中的有机质含量，为此可以加入生态厕所和堆肥产生的腐殖质。

在城镇地区，从生态厕所产出的、经过无害化处理的富含腐殖质的物质可以作为盆栽植物的土肥，而尿可以用作土壤基肥和生长期的追肥。如本章所述，蔬菜和水果在使用尿肥后，产量比未施尿肥的贫瘠土壤高2～10倍。如果人们用尿液当作肥料生产蔬菜和水果，可提高食物安全性，而基本上不增加成本。土壤加入了生态厕所里产出的腐殖质后，持水能力比未加腐殖质的土壤要高。研究表明，在加入大量腐殖质的土壤中生长的植物，比在未加入腐殖质的普通土壤中，灌水要求较低，可增强干旱下存活能力[6]。当发生旱灾时，整个大田粮食作物可能会枯死，但在庭院中，在富含腐殖质土壤中生长的作物则长势仍会很好，并且生产出足够的蔬菜帮助家庭度过难关。假使在一段时间里，家庭能不断从生态厕所里收集腐殖质，就能使越来越多的土地变得肥沃，粮食供应的保障会得到提高。

5.1.2 为农民减少成本

尿中的营养组成与商业肥料相似，可不完全相同，但尿和商业肥料对促进植物生长的作用是相同的。尿中氮含量很高，但磷和钾较低。要得到最佳的氮使用效果，加入适当的磷和钾常常是必须的。由于粪和灰分中的磷和钾都很丰富，农民可以用尿代替商用肥料，再加入生态厕所里经过无害化处理的粪。这样可以减少或完全不需要买化肥的费用。

在一项研究中，计算了中国吉林省一位农民使用来自生态厕所的尿和干粪腐殖质所节省的化肥费用。这位农民拥有3000m^{2}温室（图5-1），他不仅使用自家的干粪和尿，还购买其他家庭生态厕所的干粪，还免费得到尿液。干粪用拖拉机运输，尿装在容器里用肩挑运，所以他没有计算干粪尿的运费。过去他每年需要买350～400kg商业肥料，而现在由于使用免费尿肥每1000m^{2}节省人民币740元（90美元）[7]。

在社区一级，特别是农民还在为温饱而奋斗的地方，这样的算账更为重要。一个10万人口的城市每年的粪便产量中，含有50万kg的元素氮、磷和钾。各国商业肥料的价格不同，同样这些肥料的氮磷钾含量也变化很大。可以对购买商业肥料和收集并运输当地的粪尿肥这两种方法进行粗略的比较。

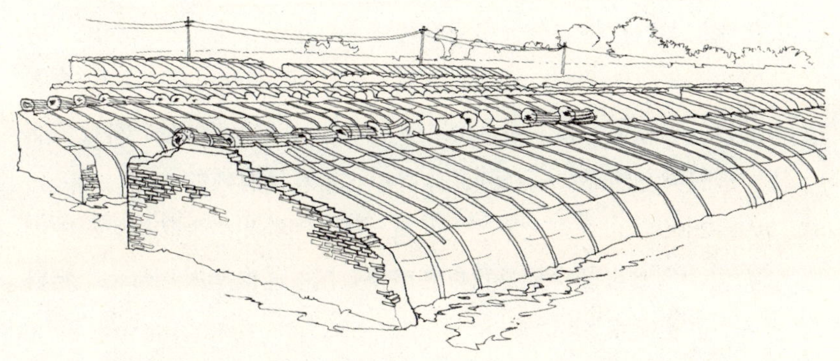

图 5–1 中国吉林省的蔬菜温室。

5.1.3 防止氮污染

坑厕和下水道常常是地下水污染的源头[8]，特别在地下水位高的地方。尿中富含氮素，而 50% 的氮会从坑厕中渗滤出来，通过土壤到达地下水[9]。水中 NO_3^{-1} 的含量超过 50mg/L 就不适宜供人类饮用[10]。但在坑厕附近的井水中，却常常能发现有这么高的氮含量。有人建议把厕所放在离井 30m 以外，以防止井水受到污染。但许多经验表明，即使如此，由于土壤条件变化很大，如在砂质土地区的地下水中，致病微生物和氮污染仍然会存在。

5.1.4 恢复失去的表土

根据联合国粮农组织（FAO）报道，由于侵蚀，地球上表土每年要流失 2.5×10^{10} t[11]。化学肥料能促进植物生长，但不能代替表土。表土层含有由腐烂动植物体形成的腐殖质，富含碳化合物和微生物，这些都是健康植物生长必需的，而化肥中则没有。因此要维持和更新表土层，加入腐殖质是十分必要的。表土的丧失带来的是人类食物安全性的丧失。世界上许多地方土地生产力的下降，往往是表土层的流失的结果。

5.2 人排泄物中的养分

5.2.1 尿

人排泄物中的植物养分大多数在尿里。根据从 5 个国家（中国、海地、印度、南非和乌干达）收集的资料，估计每人每年的排泄物中含有约 5 kg 的氮、磷和钾，其中 4kg 在尿里，1kg 在粪里[12]。尿是一种优质肥料，特别是因为它的氮、磷和钾成分对植物是直接有效的。

1999～2000 年，瑞典人尿产生的氮、磷、钾约相当于矿物肥料中的 20%[13]。人尿中的重金属含量是可以忽略不计的，这也是尿肥与化学肥料相比的一个重要优点[14]。

当收集和储存尿用作肥料时，重要的是应能防止异味和氮的挥发损失。瑞典的研究表明，尿中的氮最初大多数以尿素形式存在，但很快在储存时会转化为氨(如果该容器用过多次而没有或多或少地进行过消毒)。如果把储存罐的盖子加以密封，氨气的损失就可以减少到最低限度[15]。

如果把尿液施用在裸地上，可以不加稀释；如果用于给生长中的植物施肥，可以稀释（2～5 倍）也可以不稀释。要注意把尿施在土壤里而不是浇在植物上。

框 5–1 瑞典对人尿循环再利用的研究

1996～1999 年，瑞典有一些研究所在两个项目中进行了尿分离和再利用的研究。在这两个项目中，尿从斯德哥尔摩两座房屋中的尿分流厕所中收集，先就地储存在室内的储尿罐里，再用卡车运送到斯德哥尔摩南面的农场。尿在作为肥料洒在粮食地里以前，先储存于农场里密封的罐内。该项目的总目标是要把尿分离和农业再利用作为一个系统来进行评价，对疾病传播的危险、能源利用、可能的环境影响、农业价值和各种技术和社会问题都进行了研究。除了其他的成果外，研究表明，只要采取适当措施，在收集和储存过程中尿里养分的损失可以忽略不计。尿的氮肥效果与同样数量化学硝酸氨的肥效相同[16]。

5.2.2 粪

人粪主要由未消化的有机物，例如以碳为主要成分的纤维素等组成。虽然粪的养分比尿少，但从粪产生的腐殖质实际上包含较高含量的磷与钾。通过脱水和/或分解过程杀灭了致病微生物后，产生的物质不会令人有厌恶感，并可用于增加土壤里的有效养分数量和有机质含量，并改善其持水能力。

最简单的循环再利用的方式，是每家把厕所产物用于自己的园子里或耕地上。但是城市里的家庭既没有土地，也不想自己使用这种产品。其实，缺乏土地并不妨碍粮食的生产，参见框5-3墨西哥城以及框5-4博茨瓦纳“垂直花园”的例子。

5.2.3 混合系统的养分

在尿和粪混和的厕所，如津巴布韦的阿保罗（Arborloo）和福萨阿托纳（Fossa Alterna）厕所里形成的腐殖质，有着十分丰富的养分。在津巴布韦进行的研究中，比较了自然表土和厕坑内混和粪尿加上土和木灰经过一年分解处理后的腐殖质中的主要养分，见表5-1[17]。

自然表土和福萨阿托纳（Fossa Alterna）坑厕里腐殖质养分水平的比较[18]（单位：mg/kg）　**表5-1**

土壤来源	氮	磷	钾
自然表土	38	44	192
福萨阿托纳厕所腐殖质	275	292	1763

5.3 粪便养分的应用

人粪便作为养分使用，可以是分别施用尿和堆肥处理过的粪这两种产品，或者是粪尿混和堆肥处理的产品。前者属于粪尿分别收集的常见情形。后者则是粪尿在一起收集并混合堆肥的，例如阿保罗（Arborloo）

和福萨阿托纳（Fossa Alterna）坑厕。

回收利用排泄物养分最有效的方式是粪尿分离式。大多数混和收集粪尿的厕所会发生液体渗漏，而这意味着氮的损失。

5.3.1 尿的使用

尿的使用有许多方式:

（1）在播种/栽培时或之前，或者对幼小植物，未经稀释就可使用。

（2）在生长期，一次大量施用或分次少量施用。

（3）与水混和后作为植物的液体肥料。如果经常给植物浇水，可在蔬菜和玉米等植物生长的地里每星期浇1次或2、3次稀释的尿。尿的施用可使植物生长有很大差别。

（4）栽种前在土壤内施用未稀释的尿。土壤细菌可把尿素转变为能为植物吸收的硝酸盐。

（5）作为堆肥体的“活化剂”。当堆肥体成熟后，转化的有机氮可成为植物的有效养分。

（6）浓缩发酵的尿可以施在混有干树叶的土壤中，作为蔬菜和观赏植物的生长介质。

将来有可能把城市地区收集到的大量尿液浓缩生产成粉末肥料[19]。

5.3.2 粪的应用

从脱水型厕所的处理室里取出的粪是干燥、无害化的粉状或块状物。这种干燥物料通常要进行二次处理（例如高温堆肥，见2.4），然后埋入地里或花床里与活土层混合。

从堆肥型厕所里，取出的类似腐殖质的粪并不干燥而稍微有些湿。如果粪和土壤和灰混合，经过部分分解，从厕所取出后又在别处进一步作二次处理，则其产物也是一样的。

对这一优质肥料的最佳使用是把它施在靠近植物生长的垄沟或坑里。

5.3.3 粪尿混和腐殖质的使用

在福萨阿托纳（Fossa Alterna）厕所的浅坑里，经过1年堆肥后挖出的混和粪尿，与差不多同样数量的土壤混合、有时也混入木灰或树叶。这种物料或者装袋待用，或者和等量的当地表土混和后用于蔬菜园，可促进植物生长。

5.4 养分对植物生长的影响

5.4.1 尿肥的效果

尿可以在生长期一次大量施用，或者每周1~2次少量施用于蔬菜，再加上浇水使植物健康生长。在营养生长期，施用总量相同时，不论施用次数多少，产量都差不多[20]。

2002年在津巴布韦的哈拉雷开展的系列试验表明，水和尿以3∶1的比例每周3次施用于容积为10L的盆栽蔬菜，加上浇水（不加尿），与生长和灌溉条件、土壤和栽培盆都相似的植物比较，菠菜产量提高到6倍、沙拉菠菜产量提高到1.5~4倍、生菜产量提高到2倍（表5–2）。在自然降雨下施用未稀释的尿，大田玉米产量增加29%~39%[21]。

各种作物采用尿肥的种植试验[22] **表5–2**

植　物	生 长 期	收割重量：湿重①（g）	收割重量：湿重②（g）
生菜	30天	230	500
生菜	33天	120	345
菠菜	30天	52	350
沙拉菠菜*	8 周	135	545
番茄	4个月	1680	6084

注：①只灌水；
②水与尿3∶1，每周施用3次。

尿的肥效试验在其他许多国家中也进行过。框5–2中介绍了瑞典和埃塞俄比亚的主要成果。

框 5-2 用尿作为肥料的一些农业研究成果[23]

瑞典

大麦试验：结果表明尿的氮效约相当于等量硝酸氨矿物肥料的 90%。

冬小麦试验：比较了 3 种肥料——人尿、干鸡粪和干的肉骨粉。每 1kg 氮的冬小麦产量，尿氮为 18kg，干鸡粪氮为 10kg，肉骨粉为 10kg。这些资料表明尿中的植物有效氮高于干鸡粪和肉骨粉。

大葱试验：尿做肥料能使产量增加 3 倍。使用人尿时氮效较高，为 47%～66%。这与矿物肥料的氮效水平相同。大多数其他有机肥料，如堆肥的氮效为 5%～30%。

埃塞俄比亚

瑞士莙荙菜试验：施肥地的作物产量为不施肥地的 4 倍。

如果土壤里含有腐殖质，尿的肥效更好。这种腐殖质富含活性物质和有益的土壤细菌，它们能把尿氮转化成植物能够吸收的形式。

对于贫瘠土壤，用处理过的人粪便来提高植物生长的最佳方法是分成两阶段：第一阶段是把土壤和处理过的粪或粪尿进行混合来改善土壤结构和腐殖质含量，此阶段也能使用树叶或花园堆肥；第二阶段是用尿来提高和保持土壤中氮的水平。要注意的是，所有植物都吸收养分，土地内被植物吸收的养分应当予以补充，以保持土壤作为生长健康植物的肥沃介质。

最好在大多数时间用普通水灌溉植物，而其他时间按照施肥计划来浇灌尿液或尿和水的混合液，这种办法比较好。这样，在整个试验作物的生长期内，都能维持健康的土壤。尿内含有盐，要使植物保持健康，必须经常检查这点（定期浇灌淡水）。

框 5-3 墨西哥城的蔬菜种植

为应对迅速的通货膨胀、高失业率和营养不良，墨西哥城里的非政府组织，农村发展与培训中心（CEDICAR），改善了一种在容器里施用人尿来种植蔬菜的方法。该项目于 1988 年在墨西哥城发起，有 1200 多个家庭参加。墨西哥的其他组织现在也采用了这一方法。

选择适用于当地的技术时考虑了当地的条件：没有土地当作院子，参与者没有钱支付容器和肥料，以及为屋顶种植而需要采用轻质的种植用容器。

蔬菜长在容器里（最好是 18～20L 塑料容器，里面充满了落叶或碎草，上面盖 15cm 的土）。土壤用的是去年种植容器里的底层材料（通过堆肥已经变成肥沃的腐殖质），以及经过了蚯蚓堆肥作用的家庭有机垃圾。在容器底以上 5～10cm 处有一个排水孔，具体根据种植的植物类型而定，这样就会形成一个持久性的水肥库。把 2～5L 的容器里储存了 3 周的尿，兑上 10 份水，施加到种植容器里。

（1）用尿施肥的植物比那些用常规技术种植的生长得更快，又大又健康，而需要的水少。

（2）生长可食用叶子的植物，如菠菜、瑞士莙荙菜、欧芹、以及胭脂仙人掌（一种富有营养的当地普遍生长的仙人掌），生长得特别好，叶子大，颜色深绿。

（3）有些结果实的植物生长良好，硕果累累。特别是墨西哥菜谱里必不可少的辣椒、辣胡椒，长得特别好，虽然没有常规生长的那么辣。

（4）所有植物有明显的抵御病虫害的能力。

5.4.2 粪尿混和的效果

从福萨阿托纳（Fossa Alterna）坑厕（粪和尿是混合的）里取出的腐殖质，氮、磷、钾的含量是津巴布韦贫瘠表土的 8 倍[24]。因此用这些肥效较好的腐殖质来改良贫瘠土壤，能提高蔬菜生产。蔬菜产量的提高取决于原土状况。如果原来土壤很贫瘠，蔬菜的增产会很显著。事实上，生长在混合土上的蔬菜产量是贫土上的许多倍。福萨阿托纳（Fossa Alterna）坑厕的土壤就像优质堆肥或肥料，能改进土壤结构。

2002年，在津巴布韦哈拉雷进行的一系列内容丰富的盆栽试验中，种植的蔬菜有菠菜、沙拉菠菜、生菜、绿辣椒、番茄和洋葱，盆子容积10L，有的盆子里面是Epworth或Ruwa地方十分贫瘠的土壤，有的盆子里是Epworth或Ruwa的土壤和福萨阿托纳（Fossa Alterna）坑厕的腐殖质按50：50比例混合的土壤，这样进行比较。每种情况下，都对蔬菜的生长进行观测，定期称重。表5–3是这些试验的结果。蔬菜产量的明显增加完全是由于福萨阿托纳（Fossa Alterna）坑厕腐殖质中的养分[25]。

用福萨阿托纳坑厕腐殖质进行的种植试验[26] **表5–3**

植　物	表土类型	生长期	收获时重量①（g）	收获时重量②（g）
菠菜	Epworth	30天	72	546
沙拉菠菜	Epworth	30天	20	161
沙拉2	Epworth	30天	81	357
生菜	Epworth	30天	122	912
洋葱	Ruwa	4个月	141	391
绿椒	Ruwa	4个月	19	89
番茄	Ruwa	3个月	73	735

注：①贫瘠土；
②贫瘠土：腐殖质＝50：50。

所有这些结果清楚表明用福萨阿托纳（Fossa Alterna）坑厕里的腐殖质对贫瘠土壤（Epworth和Ruwa土）进行改良，可以极大地提高蔬菜产量。

蔬菜产量是显著提高了，但每年产生的腐殖质数量较少，每个家庭厕所只产出500～600L，因此不能用到大田里。目前，腐殖质常与其他土以相等的比例（50：50）混和，并在蔬菜园子里，再以1份腐殖土对2份表土（约每1m^{2}园子施用35L）。再加上稀释尿液做肥料，产量还可增加（见表5–3）。

这些试验是在10L的水泥盆子里进行的。一袋50kg水泥可以做50个盆子。每个盆子加入尿和腐殖土，可以在6个月内生产出14kg洋葱，或

1个月内生产300～350g菠菜。有些盆子每月产到700g菠菜。在空间有限的地方，这是利用有限的生态厕所腐殖土的经济方法。当作物收割后，土壤中再加入腐殖土、树叶堆肥和/或堆肥料后，再进行种植。

5.5 关于农业中使用粪尿的结论和建议[27]

粪和尿都是高质量的肥料，其中的污染物如重金属的水平很低。如果它们互相结合使用的话，能得到最好的肥效，但不一定要在同一个地方同一年施用。粪经过堆肥处理后是很好的土壤调节剂，能改善土壤养分含量和持水性，并且是土壤中有益微生物的生长介质和食物。

尿是一种快速作用的、富含氮的完全肥料。如果在播种前和在前面2/3的生长期内一直施用的话，则它的养分能得到最好的利用。

尿可以稀释后用，也可不稀释。尿中的氮浓度估计约为3～7g/L。可以根据对化学氮肥的推荐用量来估计作物对尿的需用量。在缺乏资料时，可以作如下估计：每人每年能收集到的尿可足够为300～400m^{2}的作物施肥。可以稀释、也可以不稀释，在种植前或生长期施用（图5–2）。

对于大多数作物，多数情况下，不管尿是一次大剂量施用，或分成几次小剂量施用，作物的总产量相同。对于根系较小的作物，把尿分成多次小剂量的施用可能较为有利。同样，如果作物种在小盆里，它们的根系较小，则进行稀释和小剂量施用可能较好（图5–3）。

图5–2 瑞典目前进行的一个研究开发项目中，人尿就地储存，由农民用机械定期收集并施用于他们的土地上。

粪里磷、钾和有机物含量特别丰富。脱水或堆肥处理过的粪应在栽种以前拌入土壤内。

在粪的脱水或堆肥处理过程中，经常加进有机物和灰，以改善土壤的 pH 和养分含量。有机物还能改善土壤结构和持水性。

框 5-4　博茨瓦纳首都哈博罗内的垂直花园[28]

古斯 · 尼尔逊（Gus Nilsson）博士，一位瑞典的园艺学家，1967 年起迁居到了博茨瓦纳。他为干旱地区发明了一个容器花园系统，把中空混凝土块做成的嵌入式生长箱装在墙上。

图5-3　古斯·尼尔逊(Gus Nilsson) 在博茨瓦纳为干热地区，发明了一个集约化的园艺系统，是装在墙上的嵌入式容器。

当建造墙时，把部分中空混凝土块转 90° 砌筑，突出的中空部分有底和排水孔。墙体中心部分，填以低强度等级的混凝土。突出的容器部分填充沙子，沙子上部填加一层肥料。容器的排列各式各样，可以砌筑在墙体的一边或两边。在热带地区，这种容器可以有任何朝向，而墙的间距可以很小（1.2～1.5m）。

在博茨瓦纳哈博罗内的这所示范家庭的圈墙上，共有 2000 个容器。同样，储存雨水的水箱也做成了容器墙。

容器中种了许多种蔬菜和观赏作物。尼尔逊（Nilsson）博士的每个容器每年能生产 2kg 番茄。每 $1m^2$ 每年产出的番茄零售价大致相当于建设 $1m^2$ 墙的费用，因此可以很快偿还成本并得到利润。

第6章 灰 水

6.1 概述

通常把来自厨房、浴室和洗衣服的污水称之为灰水。在生态厕所系统里，灰水与含有粪便的厕所污水是不混和的。这就大大减轻了污水管理中的卫生和环境问题，但还是要采用某些技术系统处理灰水以使其能安全回归自然。

把灰水系统纳入生态卫生系统中的目的可以归纳如下：

（1）把灰水作为资源用于植物生长、补充地下水及景观用水。

（2）避免淹没、水渍和冻结对建筑物造成损坏。

（3）避免产生异味、死水和滋生蚊子和其他昆虫的场所。

（4）防止容易受到污染的地表水域发生富营养化。

（5）防止污染地下水和饮用水库。

农村地区灰水处理可以很简单。少量的、有害的或传染性物质含量很低。灰水可以渗入地下或用于灌溉。

在城镇地区情况就不同了。水的消耗量及家庭化学品的使用要比农村里多。建筑物密度大，限制了处理灰水的空间，增加了环境问题以及人接触污水的风险。城镇地区的灰水收集、处理和排放系统需要谨慎设计和良好维护。

灰水管理技术系统的设计和运行取决于许多因素：气候、土地利用方式、现有排水系统和污染负荷。社区如何看待灰水也影响处理方式的选择。因此，必须因地制宜地考虑各种方案的潜在风险才能找到最佳系统。

本章的目的是给出灰水管理的规划策略和技术方面的一般概念，并着重于城镇地区。我们对城镇不同气候条件下处理灰水的知识和经验是不足的，仅有的一点也主要来自寒冷地区。当前城镇生态卫生的发展可能会在未来给予我们这方面的新知识。

6.2 灰水特性

6.2.1 水量

灰水的产生数量因家庭而异。贫困地区的耗水量每人每天往往只有20～30L，而富裕地区每个人一天里可以用到几百升。减少耗水可以通过引进节水设施和采取按用水量付费的系统来实现。

德国、挪威和瑞典有许多例子说明了节水措施的效果。在德国吕贝克的Flintenbreite生态村，安装了节水设施，平均每人每天的灰水产生量不足60L[1]。

6.2.2 可生物降解的化合物

灰水的组成变化很大，反映了居民的生活方式以及不同的用于洗餐具和衣服的家庭化学品。灰水的特点之一是，它常常含有高浓度的易降解物质，如脂肪、油和其他烹饪产生的物质、以及肥皂和洗衣粉里的表面活化剂（tensides）。

6.2.3 致病微生物

灰水里的致病微生物含量较低，传染的风险主要来自粪的污染。由于从源头上分开的灰水一般没有粪便，它常常被认为是无害的[2]。但世界上有许多公共部门却认为灰水有害于健康。对此的一种解释是，灰水中可能含有大量指标性细菌。最近的研究表明，大肠杆菌喜欢在灰水中生活是由于灰水中含有易降解的有机物。使用大肠杆菌作为细菌学指标，会过高估计了粪便含量和灰水造成的潜在危险。灰水容易变为厌氧并产生异味也使人相信它对健康有害。

近年来，研究了其他方法来评估水的卫生性质。依靠测量化学生物标记物，例如粪甾醇，可以对粪便污染作更准确的估计。在瑞典北部Vibyåsen一个地方处理厂的研究结论是：使用传统细菌学指标的常规测定方法，比采用化学生物标记法过高估计粪便负荷100～1000倍。使用新方法（用粪甾醇作为生物标记物），Vibyåsen的灰水中粪便负荷估计为每人每天仅0.04g（含厕所污水的家庭混合污水中的粪负荷，每人每天一般约150g）[3]。

这一重要结论说明，灰水里的致病体浓度比污水处理厂（即使是很先进的）的排放水可能还要低很多。

6.2.4 养分

灰水中所含的养分通常比水冲式系统的污水要低。瑞典灰水的生化需氧量（BOD）约为正常混合污水的60%～70%。氮的水平为正常混合污水的5%～10%，而磷为5%～50%。灰水中氮和其他植物养分的水平总是低的，但在有些灰水中发现磷的浓度很高[4]。磷来自清洁剂中用于软化水的成分。无磷清洁剂在市场上有售，一般这种清洁剂与含磷清洁剂的价格和质量都一样。如果人们只用无磷清洁剂，则灰水中的磷含量比经过先进方法处理后的排放水中的还要低。在欧洲的一些国家和东亚有些城市已禁止使用含磷清洁剂以保护水体。这正是为什么挪威灰水中的磷水平仅为瑞典正常情况下10%～20%的原因。

6.2.5 重金属和其他有毒污染物

灰水中的重金属和有机污染物含量通常很低，但如果加入了对环境有害的物质，则含量会增加。

灰水中的重金属水平在多数情况下，近似于家庭中的混和污水，但某些金属如锌、汞等的水平则较低[5]。灰水中的金属来自水本身、管道的锈蚀以及尘土、餐具、染料和家庭化学品。

混合污水中的有机污染物多数是来自灰水，所以灰水的有机物浓度范围与家庭混合污水相同。有机污染物存在于许多常用家庭化学品中，例如洗发液、香水、防腐剂、染料和洗涤剂[6]。在纤维、胶水、清洁剂和地板涂层中也存在。

只要使用环保型化学品和不把有害物质如油漆、溶剂等倒入下水道里，灰水中的重金属和有机污染就可保持在低水平。

6.3 灰水管理的组成部分

灰水处理的成功与否牵涉到设计的正确性和合理确定各有关组成部分的尺度。系统的“软件”方面，如使用者的参与运行和维护，也是重要的。

农村的灰水可以在各家各户用比较简单的方法来管理，如利用土壤入渗和蒸发蒸腾床等。

在高人口密度的城镇地区，规划灰水系统时，应考虑下列收集和处理的组成部分：

（1）源头管理；

（2）管道系统；

（3）预处理；

（4）处理；

（5）终端使用。

图 6–1 为一个带有就地灰水管理的房屋的示意图。

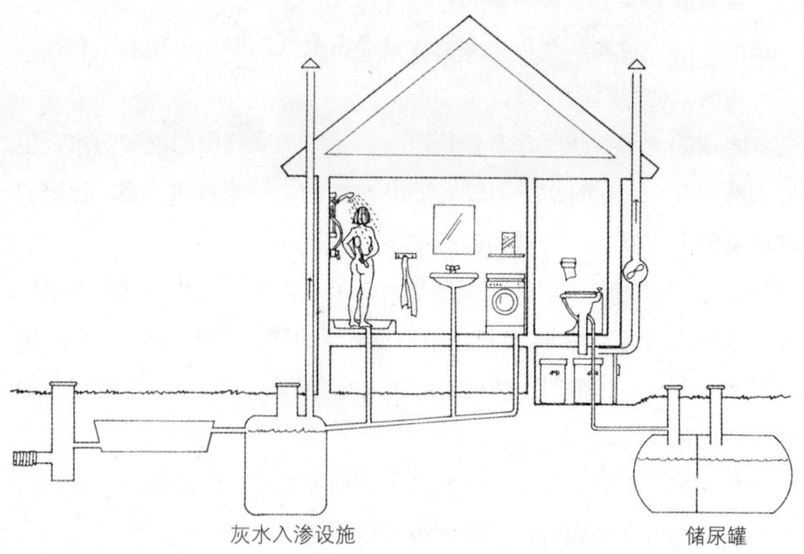

图 6–1 带有就地灰水管理的房屋，右边表示一个尿分离厕所和储尿罐。

6.3.1 源头控制

采用节水措施和注意减少家庭化学品的使用，可以简化灰水系统的管理。

灰水系统的设施，如沉砂池、沙过滤器、土壤入渗系统，以及其他处理设施的设计，与水量及BOD有关。在源头上减少这两个参数值能使我们有更多的方案来作到费省效宏、减少处理量和节约空间。源头控制可以不需要系统净化功能方面的精细维护，效率也更高。

经验表明，要达到和保持节约用水，家庭安装节水装置要和经济鼓励相结合，即建立按用水量收费的制度。依靠节水的技术和经济措施，灰水的产生量可以大为减少，使用者又不会降低舒适性和卫生标准。

框 6-1 减少耗水量

使用节水设备如混气式水龙头、节水型淋浴喷头，可以减少耗水量及生产热水的能源。瑞典的平均用水量从1965年的每人每天220L减少到现在的180L（新房子里为150L），主要是研制了用水少的洗衣机和洗餐具机。

BOD水平的控制也应在家庭一级进行。这种控制包括对正确行为的宣传和恰当的系统设计。在工业化国家里，家庭化学品的普遍过量使用是近年来经常观测到污水中BOD水平升高的原因，所以正确使用这些物品是灰水管理的一个重要方面。灰水中的BOD水平也和烹饪过程中用的油脂有关。

大的颗粒、纤维和油脂应在源头上就滤除掉，以免堵塞管道系统。厨房的洗盆，淋浴、浴盆、洗衣机和其他下水口都应加上隔网、过滤器或存水弯。来自饭店或家庭的灰水中含有大量油脂时，必须要用特制的隔油器隔除以防止管道堵塞。

如前所述，灰水中的大量有机物、磷、有机污染物和有些重金属来自家用化学品。因此灰水的管理中，应提倡使用对环境友好的家用化学品。

6.3.2 管道系统

为了收集灰水并运送到处理和再利用的地点，管道系统是必需的。灰水收集系统的设计和管路和混合污水的相似。生态卫生系统中，由于不需要冲洗厕所，所用的管道可以比混合污水（冲洗和排放）系统尺寸小，所有管道系统必须有排气设施。一根伸出屋顶像烟筒那样的自排式通风管通常就足够了。在收集系统中必定会有异味产生，所以房子里的管道必须有水弯。在很大的管道系统中，应特别考虑由于缺氧而产生有毒和带腐蚀性的硫化氢问题。

油脂可能会造成堵塞，在灰水管理中必须始终加以考虑，特别是对大管道系统。管道应铺成直的，坡度至少为0.5%。管道系统必须有冲洗管和/或水弯，以备疏通堵塞。

在小系统中，就地处理和使用常常是最适宜的方案。在这些系统中，灰水被引到覆盖床内，水用作灌溉植物或树。确定这种系统的设计和尺寸时，应使土壤生态系统能消化掉大颗粒，最好是一处灰水连一个覆盖床。这样管道系统就可以很简单，不需要分流器。

6.3.3 预处理

当收集灰水的管道系统很大或需要储存较长时间时，预处理是必要的。没有这样的预处理系统，脂肪和其他可降解有机化合物会堵塞系统，或造成异味。在预处理中，悬浮物在重力作用、过筛和过滤过程中被去除。去除悬浮物的必要性取决于水的处理和利用方式。沉砂池是有效和可靠的技术，对农村和城镇地区的大多数处理系统都可以用。

1．沉砂池

沉砂池用来分离颗粒与水。悬浮物在池子顶部成为浮渣而被收集，而沉下去的颗粒作为污泥在池底收集。在有压系统里输送灰水对这种分离有负作用。

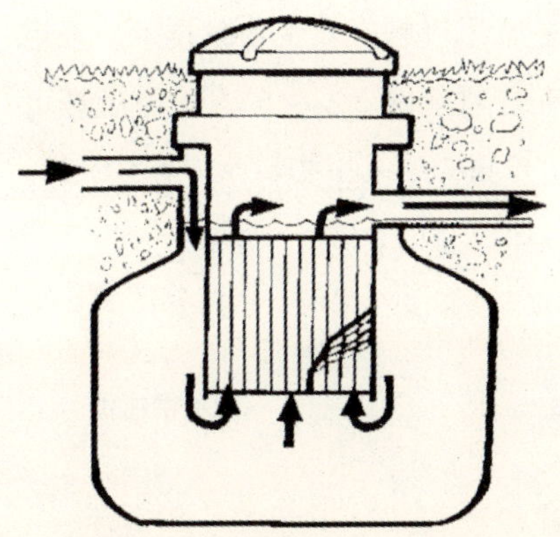

图 6-2 灰水的沉砂池。（设计：WM-ekologen/Ridderstolpe．Perer）

未经处理的灰水不应储存在敞开的水池内。否则会产生异味，令人厌恶，而且有机碳环境会成为细菌和其他微生物繁殖的场所。

2．筛网和过滤器

市场上已经有按照过筛和过滤原理做成的各种预处理设备。它们对大规模的灰水系统以及一些特殊应用、例如滴灌系统中是有用的。而在家庭应用中，却很少是划算的，也不够可靠。

家庭自制的、用卵石做的过滤器可能适用于小规模系统。在农村地区和温暖气候条件下，采用开敞式的卵石过滤器结合土壤入渗，能使灰水得到完善的处理。

6.3.4 处理

在上面 6.2.3 中解释了从环境和卫生角度灰水比混合污水危害较小。此外，灰水只会影响局部，但如果管理不恰当，灰水会产生恶臭。因此，我们应当减少易降解化合物的含量，它们是产生臭味的原因。要达到这种目标，灰水的处理必须要及时进行。因为如果气温较热，很快（数小时）会使灰水中形成厌氧条件从而生成恶臭味。任何灰水暴露于大气时，首先要进行处理，以保证 BOD 不会造成厌氧条件。

我们也要减少微生物、有机污染物和重金属的水平。当灰水要渗入地下或用于灌溉时，这点尤其重要。

为达到上述目标，最合适的方法是采用接触好氧生物膜技术。采用这种技术，有机物的典型生物降解是在好氧条件下发生的。这种处理可以从粗放式的土地处理到精细式处理，如滴滤池或生物转盘（见图6–3）。

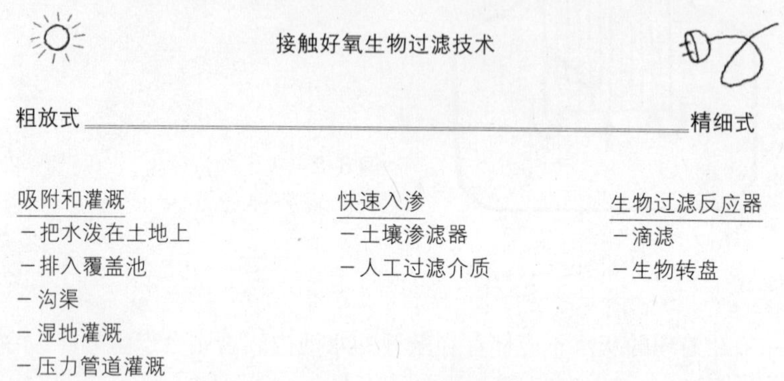

图6–3 接触好氧生物膜技术的例子。左边是粗放式处理，技术投入要求不高但常需要大面积土地；右边是精细式处理，要求更多的技术和能量投入，但土地要求少。

在气候条件有利时，可以用水生系统，例如水池和湿地处理灰水。但这样的灰水系统可能不适宜寒冷和缺水地区。

接触好氧技术是利用过滤介质里吸附悬浮物，而后在充分供氧条件下使吸附的物质被微生物降解。最合适的灰水处理方案是通过土壤进行过滤。

1．**吸附和灌溉**

吸附和灌溉系统（低流率系统）采用土壤过滤方法把污水转变为有价值的植物生长要素，因此这些系统应按照植物需水要求来设计。浇灌土地的水量取决于当地蒸发蒸腾率，每天每 $1m^2$ 的变化在 2～15L 之间。

图 6–4 表示了把灰水直接用于覆盖床。该床是在树或灌木旁开挖的坑内填充以卵石、树皮或木屑。灌水设施和床的设计，应保证水能布满该区域而不堵塞进口、也不使植物生长的土壤发生渍水。水流通常是自流入覆盖床，但也可以用压力系统。

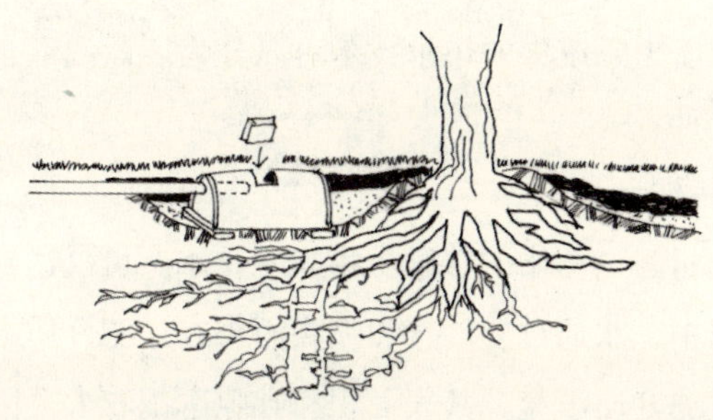

图 6–4 直接利用的例子。水用管道送至一个吸附床，进行地下灌水，为植物或树木提供水分。

2．**垂直土壤过滤设施**

土壤过滤设施也是灰水处理的一种。文献中可以找到这一系统的许多名词：快速过滤，高速或竖直土壤过滤系统。

只要设计和运行合理，土壤过滤能高效去除悬浮物和有机化合物。悬浮物和 BOD 的去除率一般为 90%～99%。细菌和病毒的去除率也很高[8, 9, 10]：多数致病微生物可去除 95%～99%。所以，经过竖直土壤过滤设施处理的灰水中，致病微生物的水平比混和污水要低。

在天然土壤过滤系统中，可有效地去除磷和重金属。土壤过滤系统对磷的去除率取决于土壤性质、非饱和土层的深度和污水中的污染负荷，在其使用期（25～30 年）内估计为 30%～95%。同样，氮在土壤过滤床内的减少是由于硝化作用和反硝化作用。混和污水通过土壤过滤，氮去除率一般约为 30%。

设计土壤过滤器是根据污水量和BOD负荷。土壤入渗过滤器的典型负荷为 40～80L/（$m^2 \cdot d$），或 4～6g BOD/（$m^2 \cdot d$）。过滤用的土壤不能太粗，也不能太细。如果天然土壤不宜入渗，可以采用砂滤层来改善其入渗能力。带有专门砂滤层和底部排水层的土壤过滤器，称为砂过滤器。

竖直土壤过滤器能用很多方法来建造。难点是要找到一种实用方法，能处理尽可能多的水，而又不使土壤被堵塞和被水饱和。达到这点，水必须均匀分布在过滤器表面。在重力系统中，所谓的“堵塞控制”是实践证明可行的方法：水分布于堵塞的底部（例如一个狭窄的沟渠），而入渗则通过墙体。压力系统中的布水技术可以分为表面漫灌、水平多孔管和喷洒系统等几种方式。

3．滴滤池和生物转盘

这些系统通过过滤器中的接触生物膜净化水，可以达到较高的水力负荷。在滴滤器中，水通过旋转臂和喷头洒布在过滤介质上。过滤器用机械强度高的过滤介质填充，其表面积和孔隙率都较大，因而不会被生物膜所堵塞。早期设施中的砖塔采用圆石子填充，但现在已用预制的塑料物质代替了。

采用滴滤器或其他更精细的设施（如生物转盘或活性污泥），处理所需的空间可以减少。这些系统的缺点是它们耗电，而且还会产生污泥。

4．半湿地系统

我们所说的半湿地是指人造湿地，其中水是间歇地加入和排走。这种方法的思路是提高水在表面上的洒布效率，在该表面上对悬浮固体进行过滤和吸附。在排水阶段，由于与空气接触，促进了生物降解和化学吸附作用。

在表面流系统中，水漫过一个通常有草覆盖的平缓坡地。许多国家常把这一技术用于农村，提高草原肥力或灌溉草地，生产干草。

用于污水处理的表面流系统一般建在渗水能力较低的土壤上（壤土或黏土）。水负荷的范围大致是50～200mm/d。为防止土壤侵蚀，坡地应不陡于8°～10°。

在最近10年里，表面流技术（以及淹没式湿地，也就是可以充水和排水的浅水池），曾在瑞典用作城市污水处理厂的生物处理阶段。这些系统容易建造和运行，而且容量较大。

小规模的就地应用系统可以建成浅的明沟，但应用于较大规模时，建设就较为复杂，例如人造湿地。

5．水池和水生植物

水池和湿地与前面所述技术的差异是，它们使用的介质一直是水饱和的。由于气体在水中流动很缓慢，这种情况通常不利于耗氧过程。同样，水中气体的扩散也是很慢的。这可以解释为什么厌氧过程容易在水中发生，而从不在地面上。它也可以解释为什么在常规生物处理中被水淹没的介质需要曝气才能工作。

在温暖气候下，利用植物生长产生的氧气可以节省曝气的成本。这种系统利用了生产二氧化碳的异养细菌和产生氧气的微型藻类的共生关系。为了防止在这个过程中，微型藻类造成二次污染，或氧气枯竭和植物死后释放已吸收的磷，植物应定期从系统中去除。可以直接收割植物去除其生物量，或者通过食物链把它转化为二次或三次产物而再收获。水池系统直接利用初级产品的例子是所谓的高速塘，那里通常培养蓝绿藻以生产单细胞蛋白质[11, 12, 13]。鲤鱼综合培育技术已在亚洲一些国家里发展得很成熟。世界其他热带地区用罗非鱼在污水水产养殖中吃草来转化生物量[14, 15]。

世界上水池生态系统的运行实例很多，它们只用于污水处理而不生产任何有价值的作物。然而在寒冷的城市地区，这些系统是很少用的，因为需要大片土地而处理效果又不确定。在干旱条件下，由于蒸发蒸腾而损失大量宝贵的水量，使用这些系统也存在疑问。

6.3.5 终端利用

处理后的水用作灌溉或回归自然。可以有以下一些方式：

（1）排放至地表水；

（2）入渗地下水；

（3）用于灌溉。

1．排放至地表水

排放至地表水，是把处理后的灰水回归环境的最容易和最自然的常用方式。如果水是经过土壤过滤或滴滤器处理的，则可以排入明渠，并与雨水一起排放。处理过的灰水可以用于景观，如建一个湿地或在公园里造一个水池。但是尽管经过处理，要生长可供观赏的稳定水生系统，水中耗氧物质或养分的含量还是太高。这种情况下，处理过的灰水要进行二次处理，例如把水引入沟里面的植物根系，然后再排入水池。

2．渗入地下水

当处理过的灰水回灌地下水时，应注意下列各点：

（1）去除悬浮固体、BOD和细菌的方法必须可靠。

（2）处理后的水渗过地下不饱和层的厚度不小于1m。基土中应含沙子。

（3）在入渗场和水井之间留一个安全地带。安全区的范围应根据当地土壤和地下水条件确定。

3．灌溉利用

当灰水用于灌溉时，要特别小心，应遵照下列各点：

（1）灌水方法：应进行地表或者地下灌溉，而不用喷洒方法。

（2）作物选择：应选用不直接食用茎叶的作物以及果树和灌木。

（3）等待时期：当灌溉可食用作物时，灌溉后必须等待一段时间再收获。

第7章　规划、宣传和支持[①]

对于使用者来讲,生态卫生系统看起来可能比常规卫生系统要复杂,而且各家各户或当地社区对于正确使用要承担一定的责任。使用者应当懂得，任何一种厕所不管它对健康有多少潜在好处，不恰当的使用都会把它变成为一个令人讨厌的、危害公共卫生和污染环境的东西。避免这些问题的最好方法是从一开始就采取恰当的行为。此外，需要特别注意充分利用植物养分再利用的巨大资源潜力。

每个人和每个家庭都应知道生态厕所系统是如何工作的，怎样就会出错，并且应当承诺和具备技能来正确管理它。对于大规模的应用，当地社区多数人的共同理解和承诺是十分必要的。

城镇地区生态卫生的基本问题是如何建立一个全方位的运行体系。在一个广阔的农村地区运行分散的生态厕所系统是一回事，而在一个人口稠密的城镇地区使成千个生态厕所系统正常工作则是另一回事。

本章将研究有关城镇和农村地区大规模的生态卫生系统的规划、宣传和支持问题。城镇和农村的规划、宣传和支持有着根本的不同，因此本章将分开叙述它们。在这一章，我们将从介绍影响公众接受生态卫生文化习俗方面的因素，以及为使所有人都能接受和应用生态卫生在思想应有的转变开始。

7.1　文化习俗和促进转变

7.1.1　亲粪和厌粪

一项新的生态卫生计划必须克服的主要障碍是人对排泄物的惧怕，这种惧怕是可以理解的，而且在某种程度上也是合理的，我们可以称之

---

① 本章主要介绍了国外这方面的经验，而较少涉及中国的经验。

为“厌粪”。厌粪是个人或文化习俗对于人粪是臭的且有潜在危害的这一事实的反应。

在某些习俗中，这种反应曾被划分为“干净”和“不干净”的概念。印度教是主要的例子。一个传统的上层印度人完全不愿意接触粪便、即便是他自己的粪便。这不仅因为粪便是臭的，而且还被认为是不干净的，而任何与粪接触的人也成为不干净的。仅有的能处理粪和打扫厕所的人是那些“不可接触的阶层”。即使到今天，这仍然是传统乡村和大城市里的一个实际情况。

厌粪态度在撒哈拉以南的非洲也很普遍。这里许多农民直到现在还在实行流动农业。他们没有必要循环再利用人的排泄物，因为流动农业意味着半游牧生活，没有建设永久性水井和厕所的传统。粪就排在地上，而其他人的粪便味道则被看作是一种警告信号。

相反，在人口稠密的中国平原上，农民几千年来必须给土地施肥。作为传统，中国所有的人排泄物都被回归到土地上，不论是新鲜的或是经过堆肥处理的。在中国，人粪便被认为是宝贵的肥料[1]。即使在今天，中国农民在谈论粪便、闻它的味道或搬运它时都没有任何问题。这种习俗可以称为“亲粪”。

所以“亲粪”代表了对待粪便习俗的一个极端点，而另一个极端是厌粪。这个模型可以用来描述和理解复杂和变化中的现实。实际上，多数习俗或亚习俗，则是位于这两个极端之间的。

艾滋病的传染已向社会证明，性行为是在社会交往、教育组织和公众场所里需要讨论的一个主题。那么全球的水、环境和农业危机是否已经严重到足够程度，可以使我们大家相信，现在是讨论有关人类粪便和如何处理它们的时候了？

7.1.2 参与式方法来促进思想变化

对于各种文化习俗和对于许多领导者及家庭来说，接受生态卫生、包括接受新的厕所设计和新的行为准则，需要他们带头转变对厕所的思考和讨论方式。为保证生态厕所的使用者能把这一系统融入当地的文化习俗和具备能力来建立、运行和维护生态厕所系统，培训宣传推动人员常常是必要的。当这些推动人员能参与当地已有的水、健康、农业或环境方面的计划时，他们的工作可能会更有效。

要充分地对生态卫生推动人员进行培训，应该考虑均衡地实施下面3项继续教育对策，即**参与式学习、信息交流和技能培训**。究竟着重于哪一个，应取决于具体的文化习俗。例如，在人们对尿分流和循环再利用不熟悉的地方，参与式学习方法是必要的，另一方面，在文化高度开放、很少或没有根本性的阻力和禁忌的地方，对可供选择方案的现有信息和如何建造厕所以及运行管理等具体技术方面的培训可能是需要的。不管如何组合，特别重要的是始终采取综合的、跨学科的方法，以便使用者能把生态卫生、地方文化习俗和生活方式结合起来。

参与式方法的有效使用对于生态卫生计划的成功是极其重要的，对所有的卫生和健康计划也是极其重要的。这些方法要求使用者能一揽子地参与寻找问题和确定需求，制定计划和寻找解决问题的方法，以及对健康和环境影响的监督。使用者的参与对系统进行必要的调整是不可缺少的。

“SARAR”和“PHAST”是两种对卫生计划有效的参与式学习方法。SARAR是一个非正式的教育和培训的参与式方法，是由丽拉·思里伐山（Lyra Srinivasan）博士和她的助手在20世纪70年代研究出来的[2]。这个方法面向人的发展，帮助个人和群体评估他们自己的情况、问题和解决方法、抓住机遇和创新性地进行筹划——就是要在生活的挑战面前，充分相信他们自己的潜力。SARAR寻求促进一个动态转化过程，这一过程是基于个人的成长和信心、群体合作和领导技能、应变能力、创新性、制定实际应用和行动的计划以及对于不断进行改善和全过程随访的责任承诺。

1992年，世界银行的“供水和卫生计划”和世界卫生组织（WHO）联合组织力量，为推动改善健康和卫生行为，采用SARAR方法来研究健康教育的更好方法。其结果产生了“健康和环境卫生转化参与式行动（PHAST）”[3]。PHAST提供了一种简单而循序渐进的方法和工具，来查清当地资源、探明健康和卫生之间的联系、评估人们知识差距、推动对人们提出问题的讨论并启动研究解决这些问题的策略。

7.2 城镇地区的生态卫生

7.2.1 规划

生态卫生系统的规划在很多方面与过去常规卫生系统的规划方法相同。城镇必须考虑其水资源的总量和质量、现有的卫生系统及排洪设施；必须考虑在雨季是否会经常发生城市洪水，缺水是永久性的还是仅在干旱期发生；还必须考虑，何种卫生系统是城市财政能承担的以及准备如何在卫生方面与时俱进。

如同所有其他城市规划一样，究竟是把生态卫生方法与现有系统结合起来，还是保持和扩大老式的下水道系统，通常是由市政府或城市其他主管部门来决策的。

7.2.2 推动、教育和培训

在城市一级推动生态卫生，常常是从对城市相关部门工作人员和开发商进行教育开始的，使他们首先了解这一城市卫生新方法的好处和代价。为此，可以让工作人员和有关负责人参观已采用生态卫生系统的城市或农村社区，亲眼看到这一系统的运行。当城市工作人员和相关人相信了生态卫生对他们城镇的好处，下一步就可以为城市做一个初步规划，然后把规划提交给公众。

在任何规划确定之前，可能要有一段时间来进一步研究城市条件下生态卫生各方面的问题。例如收集、储存和利用尿以及运送到农民那里的最佳方法，还要研究灰水系统的各种方案。城市还需要研究建立新型的城市服务体系和培训工作人员，而这可能需要一段时间来做研究或试验（见 8.1.5）

在城市里对公众的推动工作，可能还包括会见城市里较小的政治团体，了解他们对项目的反馈和决定为一般公众提供进一步的信息要开展的工作。城市生态卫生系统主要应由城市服务系统来管理，住户要做的事情比较少。他们只需要了解新系统是如何工作的，如何正确使用生态卫生设施，以及要支付多少费用，而一般不会自己去参与收集家庭厕所的尿和经过无害化处理的粪。

在建设开始以前，需要设计和实施一个公众的教育行动，要在小区里建立示范单元以便住户都能看到将会发生的事。各种民间组织，如男人和妇女的组织、学校和宗教团体等都可以是示范工作的对象。电台、电视、报纸、杂志可用来广泛传播这些信息。

大规模城市生态卫生系统需要对各级人员进行培训：

（1）应对地方当局的主要领导和现场工作人员适当进行生态卫生系统的原理、技术方案、优缺点比较和限制条件、以及如何加强社区能力建设的方法等方面的培训。

（2）对建造者，除了要进行生态卫生的具体建造和安装方法的实际培训外，还要让他们懂得生态卫生的基本原理。

（3）负责收集、运送和进行二级处理的人员应对与卫生有关的公共健康、生态卫生原理和涉及生态卫生系统运行和维护的实际问题有较好的了解。

（4）住户需要知道如何使用和维护家庭里的生态卫生设施。

7.2.3 组织

城市生态卫生系统要涉及新机构的建立和设置。由于新系统是不用水的，城市可能要在供水和污水管理单位以外，建立一个沟通生态卫生系统的产物和城乡使用者的新机构。

7.2.4 财政方面

财政问题对大型的城市生态卫生新系统和对城市下水道系统是相似的。在发展中国家，新的生态卫生系统需要从国际银行得到一笔贷款。在提供贷款的同时，银行可能会参与规划和决策。城市和城市周边地区的小项目可以从地方财政得到资助，并使更多社区参与规划和实施。

引进生态卫生系统应当能降低城市卫生的总费用，这是因为常规下水道、处理厂和污泥弃置的费用比生态卫生系统要多几倍。对于发展中国家，公共组织常常面对严重的资金制约，这点特别重要。生态卫生系统不需要冲洗水，没有运送粪便水的管道、不需要粪便污水的处理厂、也不需要去弃置有毒的污泥，因而需要的资金少得多。

但是，城市生态卫生系统的信息、培训、监督和建后服务，则比常规卫生系统要多花资金。一般在多数情况下，在早期示范项目阶段，筹款单位需要支付为生态卫生项目举行研讨会和培训班、建设示范厕所、污水系统和生态站等需要的所有费用。但是一旦项目启动，以及当地工作人员与国内和国际专家的队伍建立起来后，额外增加的资金需要由地方当局和使用者/受益者来承担。中国的一个成功例子是，瑞典国际合作开发署和联合国儿童基金会从1998年起在广西的一个小村庄资助了一个小的示范项目。5 年后，10 万多个家庭建起了生态卫生厕所（见 3.1.1）。

成功的城市卫生项目依靠雄厚的财政基础。原则上，住户应全额偿付投资和运行维护费用以保证系统的可持续性。事实上，城市周边地区无偿或高额补助的生态卫生示范项目在长期运行中遭到失败，大多是对系统资金不实际的期望所致。此外，城市生态卫生系统会包括某些在农村小型生态卫生项目里通常没有的其他费用，如对许多厕所的尿和脱水或堆肥处理过的粪的安全处理、运送和储存。但生态系统产出的肥料也会有可观的经济价值。

由于城市的其他市政服务如供水、排水和电力等收取费用的制度已经为用户所接受，因此这些收费制度可以继续保持，或者如果需要也可以加以更新。

7.2.5 标准和规定

生态卫生是一件新事物，几乎没有关于城镇生态卫生系统的规定。现有的规定仅适用于水冲卫生系统，已不适宜，需要有新规定。

当大规模引进生态卫生系统时，需要有关在农业中利用人粪尿、有时还包括利用灰水方面的专门规定。认识这一点是重要的，因为它可以是一个起点：使生态卫生成为计划和项目、资金鼓励、税费免除、专项赠款等的对象。

应注意，这方面的新规定不是要规定具体采用哪种技术。现有的规定在编写时常常排除不用水冲厕所的系统。我们的想法是，这些规定要建立在技术中立的准则之上，应定性地说明卫生系统应具有的性能，以达到社会的目标。

城市生态卫生厕所系统有4个主要的特性：粪尿分离、安全储存、无害化和循环利用。规定必须要能满足所有这些方面的性能准则。有关生态厕所系统中粪尿再利用在健康和环境方面的指南已在第2章和第5章里叙述。这些可以作为性能准则和制定实用规范的基础。

7.3 小乡镇和农村生态卫生

7.3.1 规划

过去乡镇和农村的卫生和供水系统规划的典型做法，是在政府的较高层次，例如国家、省、市一级进行的，然后传达到下面的行政单位。近年来开始认识到，自下而上地进行规划能使社区有更多的选择，更能达到一个可持续的系统。这是因为这样的规划能按照当地生态条件和文化习俗的实际因地制宜进行。

在世界上许多地方已普遍实行了乡镇和农村供水的社区化管理。新项目一开始就应建立管水委员会，并参与新工程的设计。经验表明，当使用者感到他们是系统的所有者时，可持续性就更易实现。这是因为参加了方案选择和建设，在全过程都起了关键性的决策作用。

同样的原理可以应用到生态卫生系统上。地方政府部门和地方社区组织应成为合作伙伴来领导卫生计划。卫生委员会可以建立在社区内，领导规划的编制和实施，并形成一种对社区卫生的主人翁责任感。

7.3.2 推动、教育和培训

如果农村生态卫生计划没有未来使用者的参与和缺乏正确的指导，它是肯定要失败的。框 7–1 中的例子清楚地说明了这点。

框 7-1 萨尔瓦多的FIS项目

1992～1994年，在国际发展银行资助的项目中，萨尔瓦多政府建了50623个拉斯夫（LASF）厕所（见3.1.1）。当时总投资为1200万美元。厕所由承包商建造，但没有社区的参与，社区培训也很少或没有。

1994年对6380个家庭的抽样调查表明，39%的厕所使用得较好，25%用得不恰当，而36%完全没有用[4]。

这些情况引导人们研究卫生教育的新方法，着重对所有家庭成员进行个性化教育。这一教育是通过家庭访问、把妇女组织起来参与整个教育过程、教育材料的准备以及对用户友好的检查和评估来进行的。在第一个教育单元完成后，正确使用者的比例增加到72%，而不恰当使用和完全不使用厕所的分别减少到18%和10%[5]。

从这个全过程得出的教训是，不使用和不正确使用并非因为技术本身，而是使用者没有掌握技术。为了在现场进行指导，宣传工作应以个人和家庭为单位进行。应强调人们行为的改变和对厕所的正确使用和维护。

中国广西在农村中推广生态厕所的经验说明了政府支持、示范户建设、研究开发和技术培训的重要性，见框7–2。

框7-2 中国广西壮族自治区推广生态厕所的经验

中国广西壮族自治区在瑞典开发合作署和国家及自治区爱国卫生运动委员会的支持下，从1998年起进行了尿分流式生态厕所的推广。到2004年末，已有10万个农户建起了生态厕所，并且结合沼气池建设，做到了对农村卫生条件的综合整治。他们的主要经验是：

（1）抓好示范

最初，大多数农户由于传统旱厕又脏又臭，都不愿意把生态厕所建在房子里面。引进生态厕所首先是从一些思想比较开放的骨干户开始。当邻近的农户看到这种厕所确实既干净又不臭，而且使用方便、造价低廉和美观实用时，他们就会自觉接受，从"政府要我建"变成"我要建"厕所。

（2）技术培训

生态厕所虽然技术简易，但如果建设或管理不好，就会造成失败，影响推广。因此广西把培训作为一项关键措施来抓，并且分县、乡镇和村几个层次进行。每个县设立了推广办公室，负责对全县推广工作进行指导，监督建厕的进度和质量。乡村也有相应的推广小组。各级都对下一级的技术队伍进行培训。示范村也有技术骨干，帮助农民解决修建中的技术问题。

（3）政府支持和多方投资

政府十分重视生态厕所的示范和推广工作。他们意识到这是改善农村卫生条件的大好机会。一座面积2.2m²、带有淋浴设施、墙上贴了瓷砖的厕所造价为300～400元人民币，比带有化粪池的传统旱厕要便宜。为了调动农民修建生态厕所的积极性，政府给每户补助30～50元，接近或相当于一个尿分流式蹲便器的价格，而农户则支付剩余的大部分资金。

（4）重视研究开发

在引进瑞典先进的生态厕所技术中，结合当地情况进行消化吸收和研究开发，研制了价格仅为50元的尿分流式塑料蹲便器，已经获得国家专利注册。同时还为学校研制了脚踏式自动加灰器。这些研究和开发工作保证了项目的顺利实施。

（5）农村综合发展

生态厕所的建设带来了农村中卫生面貌的全面改善，包括把厕所建在房子里面（或紧靠房子修建）、修建沼气池来提供廉价能源和肥料、硬化乡村道路、建设下水道和进行环境绿化。

1．妇女

从一开始就注意提高妇女参与项目和宣传推动工作的能力是特别重要的。妇女通常在家庭中负责供水、卫生和烹饪。一般情况下，在对儿童进行健康和卫生教育方面她们也起主导作用。她们的意见和关心的问题必须得到反映，并且纳入对项目计划和具体设计的决策中。厕所的设计必须要考虑妇女的特殊隐私和安全要求，并且在功能上适合于妇女、男人和小孩的使用。

2．关键或“示范”家庭

不管生态厕所系统看起来怎样有效，从长远看，它的成功取决于它在今后要使用它的人群中的信誉。要使系统成为当地文化习俗的一部分，它必须首先是能用的，并且为有权威的领导人和发言人所接受。参观毗邻家庭内工作良好的生态卫生厕所，是转变不信任者态度的最好方法。

3．当地基层组织

通过社区内成功和知名的地方组织开展工作总是最佳的方法。这些组织可以包括社区管水委员会或健康组织。

4．地方政府

长期运行中，要设计和建造有一定规模的生态卫生系统所必需的基础设施，地方政府的支持是必不可少的。事实上，像在中国那样，要启动城市生态卫生示范项目，有见解的政治承诺可能是主要而普遍的关键性因素。花钱让社区领导到其他社区和国家去考察访问，以便使他们能亲眼看到并相信生态卫生系统的可行性是非常值得的。

5．示范项目

历史上的技术转化，由于计划者或政治家操之过急，对使用者的参与和理解没有给予足够的注意，而有过许多失败的例子。生态卫生也不例外。

建议应当先从试验性的小规模示范开始，通过它们来评估不同的生态卫生设施。在此阶段，当向广大的群众示范这项技术的可行性时，可以从社会性的角度对方法作改进。广泛的信息传播要求在市场上能买到所需要的硬件设施。在示范阶段，对住户的定期追踪服务是必要的。

7.3.3 组织机构

卫生组织机构的设置各国有所不同。农村厕所常常是卫生当局管理的。一个普遍的情况是卫生总是落在其他部门发展的后面，得到的预算又最少，政策上也最薄弱。

结合农业和农村的发展来推进生态卫生，在有些国家还可以和食物保障部门相结合，以及向农村住户提供更多的厕所形式，可以加强卫生部门在农村发展中的机遇。

农村生态卫生项目是以农户为中心的。因此在农村社区里，住户可以根据他们的爱好选择不同的生态厕所系统。空间较大的家庭可以选择阿波罗厕所（见3.1.4津巴布韦）以便逐步建起一个小果园。地方窄小而希望有室内厕所的家庭可以选择双坑式尿分流脱水型厕所。还有些家庭会停留在使用坑厕，以便收集尿作肥料。不管何种选择，设置的机构应支持家庭实施他们选择的方案。地方组织至少要有一个现场人员，能访问家庭，能在学校和农村组织，如农民协会或妇女俱乐部讲话，提供信息和回答问题。还应该设立机构对生态卫生系统的安全运行和效益记录进行持续的监督和评价。

7.3.4 财务问题

建设生态厕所系统的费用是不高的，这是因为：

（1）脱水型和堆肥型

1）全部设施建在地面上——不需要挖坑，也不需要对坑进行衬砌。

2）由于尿被分离，不需要冲洗用水，处理室体积很小。

3）处理室里的物料是干的，不需要昂贵的防水建筑。

（2）土壤堆肥型

1）厕坑只需要储存一年的排泄物，因此只有1～1.5m深。

2）浅坑通常不用衬砌，只需要在顶部放一个圈梁。

3）不需要专门的蹲便器或坐便器。

生态厕所常常要比相同标准的冲洗厕所便宜，框7－3中科索沃的例子说明了这点。

框 7-3 科索沃学校里生态厕所和冲洗厕所的费用

2000 年和 2001 年，联合国儿童基金会帮助科索沃重建在 1999 年战争中被毁坏的学校。项目一开始，多数农村和有些城市里的学校仅有的坑厕，已经充满了粪便不能再用了，上部结构也严重损坏难以修理。由于儿基会只提供冲洗厕所，没有供水设施的学校里，厕所就得不到改造。为了检验生态厕所的概念对科索沃学校是否有效，在一所学校里建了一座有 4 个生态便器的厕所。对学校的水井进行了改建以提供洗手用水。

新的生态厕所和改建的水井与有类似设施和相似规模学校里的冲洗厕所的费用作了比较。即使计入了水井改造的投资、同时又不考虑新供水设施的费用（各所学校的该项费用变化很大），生态厕所也比冲洗厕所便宜 26%。费用的节省是由于省去了管道、厕所冲洗池、化粪池和不需要维护用工。学校还应知道在今后数年内，还可以节省管道、管件维护修理以及定期清空化粪池的费用。节省费用中最明显的是：他们过去坑厕的使用期不到 10 年，而新的生态厕所则是永久性的。

全世界农村卫生项目的经验表明，补贴问题常常成为项目推广中的主要障碍。要么所有家庭都得到补助，要么谁也不补助。实行补助常常表明住户不能支付由社区以外的主管部门代为选择（没有经过社区的参与）的厕所形式。

生态厕所有着许多不同形式，要花的钱也不一样。家庭应能自行选择他们支付得起的厕所。厕所的费用取决于许多因素：厕所系统的形式、建筑材料的种类、如何筹款以及是由雇佣的劳力还是自己来建厕所等。

7.3.5 标准和规定

虽然发展中国家的农村地区在殖民地时代可能有过卫生标准和规定，但极少实施。许多发展中国家卫生设施覆盖率非常低，政府只考虑增加卫生设施，而不管这种设施有多简陋。

有些国家可能有禁止在农业中利用人粪便的规定。这在新的农村生态厕所项目中，可能是惟一需要制定的规定。

7.4 卫生教育和行为改变

每个完善的卫生项目都包含卫生教育和促使人们行为转变的内容。上面的章节介绍了社区参与规划的重要性，和在此规划阶段使用者会学到许多有关疾病传播和如何切断传播途径的知识。但是为了打破粪—口途径传播疾病的循环圈，仅仅这样还不足以形成和保持所必需的行为转变。

为打破粪—口传染引起的疾病循环所需要的卫生行为是[6]：

(1) 坚持使用厕所，把粪与环境隔离开来。

(2) 在使用厕所、清洗小孩的粪便、帮助小孩使用厕所后，以及在烹饪或喂孩子前，都要洗手。

(3) 采取措施保持饮用水的清洁。

(4) 烹饪、储存和再加热食物时都要讲究卫生。

所有这些行为都要在生态厕所项目中加以推广。

生态厕所还常常需要人们适应新的行为方式。例如，在尿分流厕所中，应指导人们如何使用这些新厕所，既不要让尿进入粪处理室，也不要让粪进入储尿池。在便后水洗习俗的地方，人们只能在专门设置的盆内清洗，而不能让水进入处理室。对双坑式厕所，必须告诉人们在清空处理室前，要让其中的物料放置6～12个月后再使用。这些例子说明，生态厕所的卫生教育计划要针对关键的卫生行为和使用者所选择的新型生态厕所特别要求的卫生行为进行。

良好的交流项目要首先研究实际现状和社区内主要有哪些交流渠道。

在任何涉及到流动性很强的人群的时候，当新的家庭迁入后都需要了解如何使用现有的生态卫生厕所。需要建立好组织指导这些新家庭正确使用生态卫生厕所。

7.5 监督与评价

所有的生态卫生项目，不管是在农村还是城市，应当有监督和评价的机制。监督和评价的指标可以由一个曾参加过新卫生系统规划的地方社区组织（如水和厕所委员会或卫生委员会）来确定。参与此项目的政府和/或非政府组织，应使用他们自己的指标进一步开展监督和评价。

框 7–4 中介绍的莫桑比克北部的水援助计划，十分清楚的表明了以社区为单位进行监督的意义。

框 7–4 莫桑比克水援助项目中的监督和评价系统[7]

对水援助项目的监督和评价系统是为评估在该计划中是否有效和卫生地使用生态厕所，以及它们是否在事实上提供了改进健康的必要条件。换言之，他们认识到除非他们的示范能表明厕所‘为所有人使用，并且是卫生地在使用着’，否则白白建成许多厕所却不会产生长期影响。监督和评价着重于以下几方面：

（1）在落粪孔周围有没有粪尿的踪迹；

（2）是否配备了洗手设施（水、肥皂等）和有没有使用过；

（3）是否有苍蝇和异味（如果有，说明了太潮湿和/或加入的灰和土壤量不够）；

（4）家庭对厕所的看法。

该监督的主要结论是，项目过分强调了厕所在卫生计划中的费用。更好的策略可能是加强卫生方面的工作，推动社区解决存在的卫生问题。监督活动也表明了应更多注意性别和管理问题，因为发现家庭其他人在男性家长不在的情况下，不愿意把蹲板移到另一个厕坑上（使用双坑交替式厕所时，这是必须要做的）。

莫桑比克的水援助项目以监督和评价为中心，学会了如何提出难解的问题、鼓励学习、改善对项目的支持和保证能更好和持续的接受生态厕所。

第8章　未来展望

8.1　展望

本书总结了20世纪初生态卫生的发展现状。书中概述了全球在卫生上面临挑战；解释了怎样使人的粪便无害化，并作为肥料利用；介绍了各种生态厕所和生态卫生系统；讨论了为使生态卫生概念适应不同的环境与文化习俗，设计者需要考虑的设计和管理上的特征；讨论了政策制定者对这些系统在思想上主要应关注什么；还说明了防止失败要注意的问题。我们讨论了如何在农业中安全利用人粪尿中的植物养分和这些养分对植物和粮食生产的巨大作用。我们提供了城市灰水管理的不同方案，正如生态卫生的概念显示，则传统的集中式下水道系统将不再需要。我们也列出了与城市和农村地方政府和社区一起工作的经验以及总结了成功的诀窍。现在是我们设想未来的时候了。在过去10多年中，生态卫生的这些努力是否会变成一时的潮流而很快消失？还是我们能把生态卫生变成一种力量，来改变越来越城镇化的未来世界？

8.1.1　未来50年

今日生态卫生的发展阶段正好和1909年在威勃和奥维尔·莱特兄弟俩（Wilbur and Orville Wright）首次飞行数年后，路易斯·勃莱里奥（Louis Bleriot）驾驶他的单翼飞机，从法国加来港飞过英吉利海峡，到达英国多佛港时所处的阶段相同[1]（见图8–1）。

今日，我们有几千架飞机飞越世界上每一个大陆的上空，每架飞机搭载了几百个乘客。100多年前的航空还是那么原始，现在却已成为主要的运输方式之一。它成功的一个关键原因是政府和工业企业看到了它对社会的潜在效益，为它的发展和基础设施投入了大量资金。同样的故事也发生在19世纪汽车和电话的发展中。这两者都是在1900年开始发明的，但到了1950年它们已变为改变我们生活的运输和通讯系统。两者都受益于对研究、开发和基础设施的公共补助。人们在几百年前无法想像我们能在1天内作洲际飞行，在几秒钟里从非洲打电话到北美，以及许多国家的多数家庭有一台私家车，可以自由地开到自己国家或国外的任何地方，不必为燃料、修理和合适的路面而发愁。

图8-1 路易斯·勃莱里奥（Louis Blerio）的单翼飞机。

因此，生态卫生的未来取决于能否看到它的潜在效益和在研究、开发和基础设施方面的更多投资。我们不能轻易地设想生态卫生系统会在50年或100年中都不变。它们无疑将会比我们在此书中所叙述的要复杂得多。但是，即使在将来，生态卫生中关于安全储存、病原体的杀灭、和养分的循环再利用原则，在很多方面会与现在相同。因为这是生物学的原理。

我们设想，未来在各种生态、文化习俗和人口稠密条件下的生态卫生，会应用很多还没有发明、或还没有用到卫生领域的新技术。我们看到了规划人员将根据生态的原则、包括生态卫生的原则来进行新城镇的规划。我们也预见了现有城镇中时间长的、已锈蚀的下水道系统会改型为生态卫生系统。我们还看到了政府部门和非政府组织将在乡村和小镇中，用生态卫生方案，代替今日的“掉落—储存”或“冲洗—排放”的常规方法。

在未来50年里，世界上将为60亿城镇居民建设或改建新的城镇卫生的基础设施。其中许多可能是生态卫生系统。

8.1.2 生态城市和生态城镇

至少从1950年以来，规划人员和普通的居民逐步认清这样的现实：我们必须在生态可持续的方式下生活。当我们通过改造自然来改善我们的生活时，我们必须考虑当地的和我们所在的这个星球的生态系统。如果我们继续现在的发展道路，污染大气和水体，破坏许多物种的自然栖息地，我们自己也将会注定毁灭。因为一个健康的生态系统对这个星球上的所有生命的存在都是基本的条件。

今天，这些认识在慢慢地转化为行动。生态型生活概念的先行者正在考虑如何减少对汽车这一影响大气质量和城市设计及生活的事物的依赖。他们参与建设“绿色建筑”、创建供热、制冷和采光所需能耗较少的建筑。他们尝试建立一个具有人们生活的适宜尺度的社区，那里人们可以步行到学校、去工作和娱乐。他们鼓励城镇里有更多的绿地、树木和其他植物，在农村有更多的森林以改善生物多样性。他们提倡就地生产食物以减少对食物运输的依赖，而运输使用的石油造成了严重的污染。生态卫生与这一未来生态型生活方式的总体框架是十分吻合的。

未来对生态卫生最大的挑战是研究和实施城镇地区的生态卫生系统。预计今后约20年内，城市居民将从今天的30亿增加到50亿。其中的40%将生活在贫民区[2]。生态厕所能用来为这些城镇居民服务吗？我们认为是，但还需要得到证实。

全世界已经有把生态厕所用于城镇和密度很大的乡村地区的例子，但项目规模较小而且分散。中国内蒙古鄂尔多斯市正在建设第一个在新城镇里实施的、规模较大的、综合的城镇生态卫生示范项目（见8.1.4）。另一个项目正准备在墨西哥莫雷洛斯州的泰波兹兰（Tepoztlán）市实施（见8.1.5），那里的重点是改建而不是新建。

不论城市或农村，生态卫生的基本方法——无害化和再利用是相同的。不同的是适合于高层楼房的技术方案、为数量大而又流动的人口提供信息的困难、社区化收集系统等所提出的挑战、以及就地或在小区内储存、运送和处理大量粪、尿和灰水的需要等。有些措施已经存在并且已在瑞典、德国和中国的小项目中进行了检验。而更多的措施则在目前的中国—瑞典鄂尔多斯生态城镇项目中进行开发和测试[3]。

8.1.3 生态站

生态卫生发展的一个新概念是“生态站”，用于城市里的固体废物循环再利用和进行生态厕所人粪的二次处理。可以是为几栋楼房或房屋服务的较小型的中转生态站，和为整个居住小区或城镇服务的较大生态站。

生态站里有3种从家庭源头分离的产物：黄色的（尿）、棕色的（粪）和灰色的（灰水），加上源头分选的固体垃圾。它们从家庭和小区收集，转运到生态站作进一步处理。生态站里，未完全无害化的粪和家庭有机垃圾将共同进行高温堆肥的二级处理（见图8-2）。

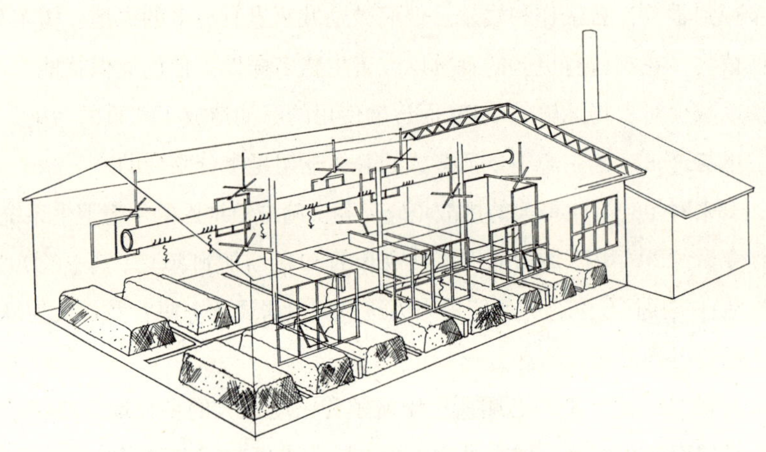

图8-2 中国鄂尔多斯市一个生态站的堆肥厂（见8.14），将于2006年建成[4]。

二级处理的目的是进一步分解有机物（包括手纸），进一步减少体积和重量并使病原体杀灭到可接受的程度。如果要求最终产品能完全消毒，则可以把这些物料进行炭化或焚烧，而不作堆肥处理。尿可以用于家庭自己的院子或屋顶花园，但剩余的尿和那些不需用尿或没有院子的家庭里的尿，可以储存在储尿池里直至无害化，然后作为液体肥料卖给城市或周边的园艺商人或农民。寒冷季节在温室里生产蔬菜的农民，仍然会有对尿肥的需求（另一个可能性是把尿加工成粉状肥料[5]）。

尿可以作为肥料，而无害化的粪可作为肥料或土壤调节剂卖掉。农民或城市园艺商买粪尿付的钱可以部分满足生态站职工的工资，而家庭就可减少支付收集、清运这些废料的服务费用。分选的固体垃圾中，非生物降解的部分可以给工业部门再利用。所以，每个生态站可以为当地居民创造许多就业机会。

引入生态站的概念必须由一个教育和培训项目来支撑。收集人员要接受如何开展家庭指导和建后服务的培训。如果在收集时他们发现家庭厕所有问题，他们就要负责与房主讨论这些问题，并努力在现场解决。此外，市政部门应建立机构，定期对小区生态站和生产的肥料进行监督，应从公众健康安全的角度，定期对尿和已无害化的粪进行检测。新卫生系统健康教育项目的好处是解决了许多以前从未解决过的卫生行为问题。洗手、食物卫生、防止婴儿和小孩的腹泻等问题得到了更多的关注。

1．城市固体垃圾

固体垃圾是全世界城市里的一个巨大和越来越严重的问题。工业化国家由于经济的增长，城市垃圾的增加受到多个因素的影响。发展中国家现在也跟随这一模式，其结果是在大城市的周边，垃圾堆成了山。许多垃圾不进行收集，堵塞了大街和水道。

城市市政部门要合理管理垃圾，通常需要有一个垃圾减量和循环再利用的综合计划。许多垃圾是化学物品不易再利用。例如，塑料和丢弃的电子元部件，里面包含着有害重金属，需要复杂而昂贵的处理过程去萃取和储存。世界上多数城市把收集的垃圾加以填埋，或者就堆放在露天地面上。这些堆成山的混合垃圾产生大量甲烷气，向土壤和地下水释放污染物。很明显，这种方式决不是可持续的。比较可持续的方法是一个系统工程：垃圾进行减量、循环再利用，而原料和能量得到回收。

今日世界上大多数城市在处理城市垃圾方式上的一个主要问题是把

各种垃圾混合起来了。固体垃圾常常是潮湿的生物物质、易燃物（纸、塑料、木头和织物）、矿物和金属的混合物。它们的成分比例因不同社会和其消费习惯而异，但其结果在很多方面全世界都一样。把所有这些混合物质填埋或堆成山，形成一个不可控制的"生物—化学反应器"，它对当地环境的影响是不可预测的[6]。我们知道，从填埋物释放出来进入大气、地下水和地表水的化合物数量是巨大的，会产生局部和全球性的效应。所以，生态城镇中固体垃圾管理的首要目标是停止固体垃圾的混合。生物物质可以在堆肥处理后用来肥沃土壤，可燃物可以燃烧产生能量，而金属应加以回收。

城市垃圾可分为12个主要的类型：可再利用的物质、纸、植物垃圾、易腐烂物、木头、陶瓷、土壤、金属、玻璃、聚合物、织物和化学物品[7]。除了这些，我们还可以加上第13项：从生态厕所里来的干粪。对于生态厕所里的人排泄物，采用专业性的挨家收集的方法可能是较好的，其优点是能够最大程度的保障公众的健康安全。

所有的生态站职工应具备安全工作的条件，包括面罩、防护服和牢固的手套。定期收集、运送人尿和干粪将是市政的责任，并使用现代化的设备以保护工人。

2．规划和费用

垃圾问题应当以较为可持续的方式来解决。建立生态站时需要考虑的问题包括：费用效益分析；需要采纳和转变的家庭行为，例如在家庭里就对垃圾进行分类；社区教育；和一个必要的社区公约。费用效益分析应考虑现有垃圾处理系统（老办法）、不管它们是什么方法所付出的代价，包括对环境的潜在损害和环境的清理。市政部门的官员和市民可能会因为费用问题而反对生态站的概念。但是在得出完整的费用效益分析比较以前，真正的费用是不知道的。

社区教育应包括对环境危害的教育。另一个要传达给使用者的信息是，他们应从减少过度的包装、购买易于循环再利用的物品以及购买他们能在自己家里再利用的产品等着手，减少垃圾产生的数量。

生态站能为当地社区提供新的就业机会。世界上许多城市，固体垃圾的收集、转卖给回收部门是由拾垃圾的人做的。他们常常是最穷苦的人，没有就业机会，工作条件通常是不安全和不卫生的。世界银行估计全球约有8亿多人失业或就业不充分，可能有2亿人在流动寻找工作。所以生态站需用的劳力是不会短缺的。

8.1.4 鄂尔多斯：规划一个新镇

中国—瑞典鄂尔多斯生态城镇项目(EETP)是一项雄心勃勃的计划，其目标是要使人居方式与环境的关系上，发生一个重大的变化，并为此提供经验、技术和政策。该项目位于中国北方内蒙古的西南部、在黄河流域的鄂尔多斯市的东胜区（北纬40°，高程约1500m)，属于半干旱地区，多年平均降水量300～400mm。春季干旱多风（沙尘天气平均19天)，夏季温暖多雨，秋季凉爽，冬季漫长而寒冷。冷空气经常从北方入侵，冬季长达6个月。记录的最低温度是零下32.6℃。无霜日平均135天。土壤冻结深度可达到1.5m。

东胜是一个快速发展的城市，人口37万。城镇人口32万，6.5万户。其中，2.5万户居住在楼房中，意味着38%的家庭有冲水厕所。其他4万家庭使用394个公共厕所，其中冲水式厕所为30座（这种卫生情况在中国是典型的)。饮用水主要来自地下水层。在市内的有些地方，一天只供应3次水，每次30～90min。

新生态小区目前位于城市郊区，正在建设中。该项目将在50hm^2（公顷）的土地上，建设2000户多数是4～5层楼房，部分是1～2层的房屋。这里已经有一所小学，还将增建幼儿园、文化和商业设施[8]。第一期南区工程从2004年6月开始建设，将在2006年内完成（图8-3)。

在鄂尔多斯生态城镇项目中将要研究、设计的是：

(1) 提供适用于多层楼房和1～2层房屋的生态厕所

采用尿分流式厕所系统。已经研制和生产了用于多层楼房里的尿分流式坐便器及配套设施（图8-4和图8-5)。

图 8-3 鄂尔多斯生态城镇项目 2005～2006 年正在建设的 39 座公寓楼房。

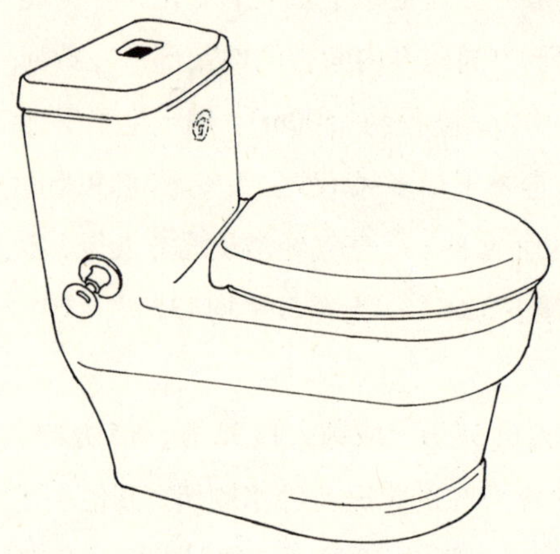

图8-4 鄂尔多斯生态城镇项目多层楼房内的尿分流式非水冲厕所，按动加灰箱旁的按钮，可以向便器内撒入吸收剂（见4.6.4），中国制造。（设计：Uno Winblad，Kalle Rydberg 与潮州美隆陶瓷工业有限公司合作设计，2005）

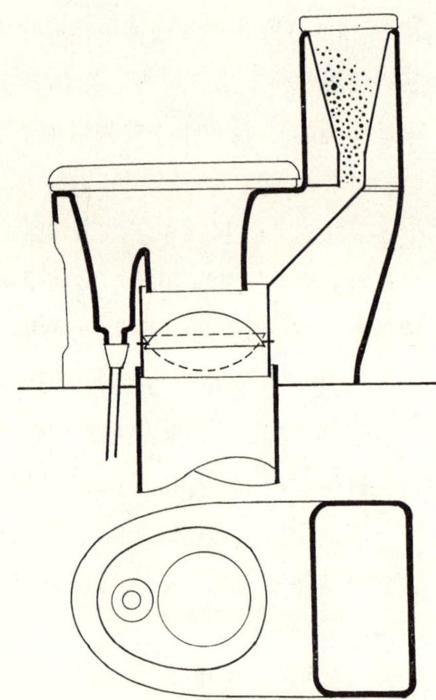

图 8-5 图 8-4 中厕所的剖面图。在坐便器的落粪孔和外径 280mm 的落粪管之间有一个涂了特富龙的不锈钢碗和一套转动装置。

(2) **为灰水管理提供生态卫生方法**

已经研究和比较了几种技术方案，第一期工程将采用“水解酸化+生物接触氧化”技术， 工程在2005年底建成。同时，还将在实验室和实际使用条件下进行不同灰水处理方案的考察和研究，包括对上述活性污泥方法以及喷洒过滤技术和无动力处理技术等方案的试验研究。

(3) **为固体垃圾和有机垃圾管理提供生态卫生方法**

在瑞典某些城市中采用的源头分选的模式将在中国的条件下进行检验。这些技术包括：为设计家庭应用的硬件设施，开发卫生而费省效宏的收集系统，以及一项广泛持续的教育计划以促进所有家庭和工作场所从源头上分选垃圾（图 8-6）。

图 8-6 固体垃圾的家庭源头分选。

(4) 建立生态站（图 8-7）

将研究和开发为家庭有机垃圾堆肥和粪便二级处理而建立的生态站。同时，也将研究开发不同垃圾的处理和把它们转化为可循环再利用和市场化物质的方法（见8.1.3）。为了使上述过程做到费省效宏，该项目将在家庭和工作场所进行垃圾的源头分离，并运送到为一组住户和整个小区服务的生态站。

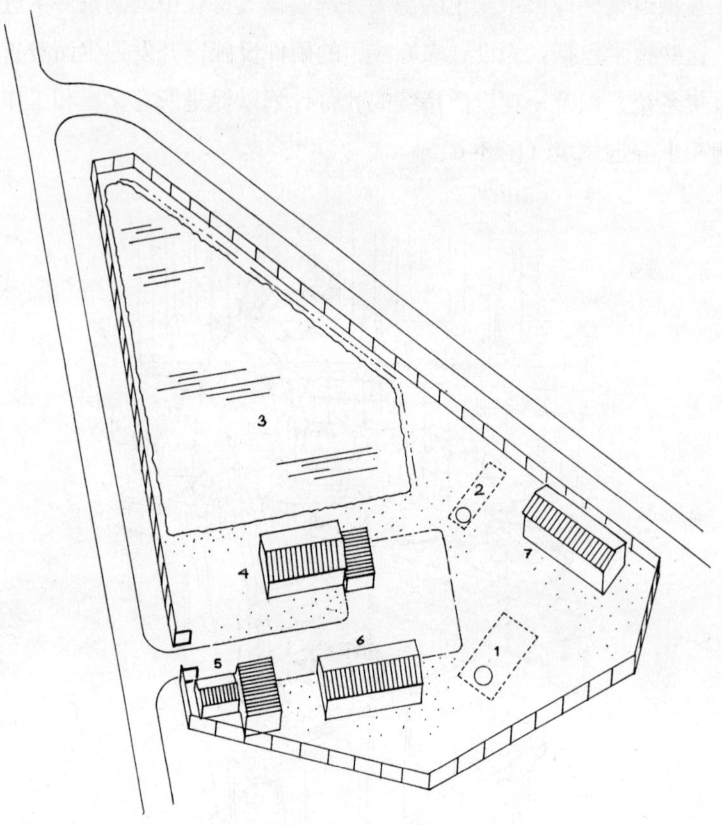

图 8-7 2005～2006 年建设的鄂尔多斯生态城镇项目的生态站。
1- 灰水沉淀和调节池；2- 灰水处理组合池；3- 后处理水池；4- 堆肥厂；
5- 管理楼；6- 固体垃圾管理站；7- 研究试验楼。

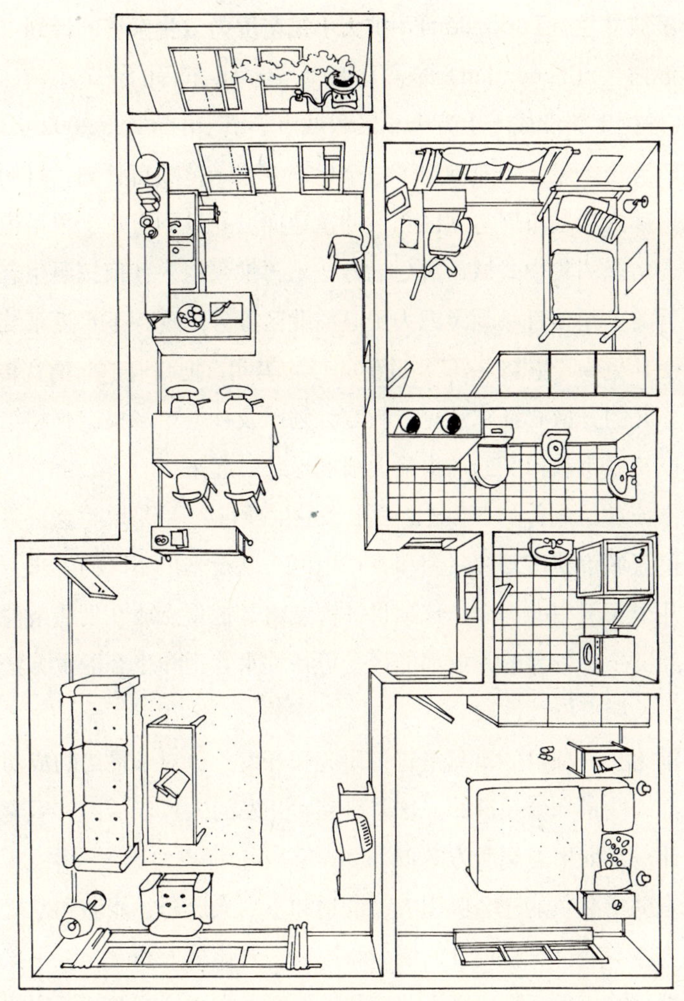

图8-8 中国鄂尔多斯生态城镇项目4层楼房内一套二居室的公寓。公寓里的厕所间里都有一个小便器，安装在尿分流坐便器旁边。

(5) **低成本、高效益的设计、生产和运行（图8-8）**

房屋和公寓房都按照中国的标准规范修建，并卖给公众。资金是最为关注的问题，现在正在研究开发的项目将与常规方案进行经济分析比较。

8.1.5 泰波兹兰（Tepoztlán）：扩大小镇范围内卫生系统的计划

泰波兹兰（Tepoztlán）是离墨西哥城约1h车程的一个小镇，人口34000，是拉丁美洲成千上万个小区和城市小镇中的一个。2002年以来，当地政府与一个私人企业制定了一个生态卫生示范项目计划，目的是扩大和改进镇内和城市周边地区厕所的覆盖面。新计划着重于采用生态卫生方法，常规的集中式城市规划老方法不再被采用。任何按照生态卫生原则进行的扩建项目必须考虑为中心商业区服务的现存下水道系统，并尽可能使其更为“生态友好”。目前的经验表明，把政府部门的宣传、以社区为单元的分散式征求意见、教育计划以及社会市场机制互相结合起来，可以使城市和郊区的需求最大限度地统一起来。

在泰波兹兰进行的“泰波兹兰生态卫生项目”，是采取生态卫生的综合方法覆盖城市和市郊、贫困和富裕地区，以及采用不同的生态卫生技术少数几个实例中的一个。该项目关键策略是把重点放在创造条件，保证社会经济条件各异的人群都能接受可持续水管理和生态卫生方法，以及系统的长期可持续性。

目前为止，项目的重点是进行研究和开发，这对于最终的成功和项目的可持续性是十分关键的。这些研究和开发的内容包括：

（1）设计一系列生态厕所方案

生态厕所必须能充分吸引人、舒适和不令人厌恶，能够和常规水冲厕所比美。本项目正在设计的尿分流厕所，要让男人和女人、小孩和成人都能满意的使用。厕所将有双坑和单坑两种方式，有便利搬运的可移动处理室以及为了改善干燥条件而设计了无源太阳能设施。将对不同干燥添加物的费用和效果以及不同建筑材料进行研究。对于较为贫困的城市周边社区将考虑采用低成本的方案。

（2）开发尿收集系统

由于周末和假日的旅游，泰波兹兰的供水和厕所系统使用常会遇到高峰。为了节省用水，项目正在开发男女都能用的公共非水冲式小便器。这样就有机会能收集大量尿液以满足当地农民的需求。项目还在试验和改进用于公共小便器上的低价位和少维护的防异味器。另外，对家庭尿液的收集，正在研究尿和灰水合用的排放系统。

泰波兹兰生态项目正在与当地生产者密切合作，研究在城市农业中用尿替代常规化肥的潜力。还特别注意了在胭脂仙人掌、鳄梨、玉米、番茄等当地食用作物以及在花卉等非食用作物上尿肥的使用。对发酵和未发酵尿液的使用及其效果也在进行研究比较，特别当用于家庭花园时。

(3) 建立生态站

2003年中期以来，一个城市堆肥中心开始接受和处理来自市政和家庭的有机固体垃圾。项目正在研究把尿用于堆肥和对旱厕粪便的二次处理。

(4) 应对灰水问题的挑战

作为以家庭为中心方法的一部分，本项目正在鼓励建设以家庭为单元的水平芦苇床生物过滤设施和为一组家庭联合使用的集体灰水排放人造湿地系统。为了明确住户、小区和市政各级的责任，正在进行制度方面的改革。

(5) 推动可持续污水管理

和许多拉丁美洲国家的城市一样，泰波兹兰开始在城市中心建设下水道系统，以处理大量的污水。生态卫生项目利用这一工程，来提高城镇对生态思想的认识和为城市水与卫生的综合计划，以及为城市中心的可持续污水处理设施（包括建一个人造湿地）争取支持。

(6) 研究制定有关城市环境卫生的规定

根据生态卫生研究计划（EcoSanRes）资助的一项最新研究[9]中所进行的仔细分析，与当地和地区当局共同研究制定了现实可行的强制性城市环境卫生规定，这对项目是一个重要的促进。

(7) 进行环境交流和教育

在泰波兹兰，通过了许多宣传工具和传媒来推动生态卫生：项目参与者研讨会；发结业证的环境卫生学习班来吸收社区宣传员和推广员；和当地社区一起工作的参与式方法和工具（主要是SARAR方法）；通过公共和电子传媒进行信息传播和宣传。

8.2 生态卫生的好处

如果本章中所叙述的生态卫生的未来情景能够实现，那么它将会给环境、住户和家庭以及市政带来许多好处。我们将以总结下面的这些好处作为本书的结束。

8.2.1 对环境和农业的好处

如果能大规模地采用生态卫生，它将保护我们的地下水、河流、湖泊和海洋不受粪便的污染，耗水将减少。农民将减少对昂贵化肥的需求，而这些化肥大部分会从土壤中被冲洗进入水体，从而造成环境的恶化。生态卫生使我们能利用肥效很高的尿和能肥田的干粪或粪的堆肥。

尿中富含氮、磷和钾。尿稀释后可以直接施加在蔬菜园子和农业大田里，或者储存在地下罐内以备以后使用。

人粪可以转化为宝贵的富含碳的土壤调节剂，既能形成良好的土壤结构又是生长有益土壤微生物良好的生活介质。有了生态卫生，我们就能够补充世界上土壤的养分，既能促进农业生产，又能恢复荒地，并且使土壤不断变得更加肥沃。只要能经常地把人尿和无害化粪肥回归土壤，就能使土壤肥力补充到一定水平，保持持续的生产力。

如果把大规模循环再利用人粪尿，作为增加土壤中碳含量综合计划的一部分，则温室效应将会减少。为应对造成气候变化的大气中二氧化碳（CO_2）的积聚，过去的努力主要是减少石油燃料燃烧所释放的二氧化碳以及减少砍伐热带雨林。但是，最近科学家们开始注意到土壤吸收大气中多余碳的能力(土壤中的碳是以腐殖质和腐烂有机物的形式储存的)。有很多因素影响着土壤中碳的积聚。把无害化的人粪回归到退化了的土壤中，可以增加土壤中的碳含量，提高土壤肥力，促进植物生长，通过光合作用把更多的二氧化碳固定到土壤中，从而将在上述土壤积累碳的过程中起显著的作用。据保守地估计，如果在100年的过程中使非森林土壤中的碳含量加倍，即从现状1%的低水平（由于土壤侵蚀的结果）提高到2%，就可以和大气中每年碳的平均增加量达成平衡[10]。

8.2.2 对家庭和小区的好处

不管家庭的环境现状如何的令人不满意，只要采用生态卫生系统，这种现状就可以显著得到改善。现有的许多设施相对讲并不昂贵、也不难建造。住户可以马上把私密、方便、美观而又没有异味和苍蝇的厕所建在住房旁或者就造在屋内，虽然这厕所的空间小些。这对妇女当然就更重要了。那些只能去公厕和在露天解便的住户群，则更能极大地改善他们小区的卫生状况。

厕所对健康的好处，通常不是使用者认可的重要卖点。但是，如果消费者知道了他们社区大部分地方能变得更卫生，腹泻和蛔虫病会减少，健康将得到全面改善和学校孩子们有更好的学习成绩，他们就会被生态卫生吸引住了[11]。

如果能在花园土地、屋顶和阳台上、或甚至在墙上（见框 5–2 和框 5–3）种植蔬菜时使用粪尿肥来增加产量，家庭的膳食营养也会得到改善。把肥效很高的尿和能改善土壤性质的堆肥过的粪进行再利用，即使用在贫瘠土壤上或者在无土栽培的园艺中，都可以产出优良的作物[12]。

有些设计的生态厕所很轻，可以移动。城市贫民常常不拥有住处的土地权，因此不想花钱修建他们不能带走的东西。采用生态卫生方法，他们可以拥有一个可移动的成品厕所。这曾经是墨西哥城南美替代技术集团所生产成品厕所（见 3.1.3）的重要卖点。

普通坑式厕所里的粪便和化粪池中污泥的清空是肮脏的、需要花钱而且操作起来又很麻烦。在许多不正规的居住区内，清空粪便所需要的吸粪车不能在狭窄的街道和陡峻的道路上通行。如果用人工进行清空作业，污泥又臭又湿，对工人健康有害。按照脱水和分解原理建造的生态厕所系统，减少了需要处理和运送的物质数量，产出物是干的，外形像土、完全不令人厌恶又容易搬运。由于厕所完全建在地面上，可以很方便的取出无害化的粪进行循环再利用，并且对物料中病原体的杀灭管理起来也很容易。

有些地方，建造厕所时的一个大问题是基土和地下水的条件。有些地方土质太硬，不好挖掘。另一些地方，地下水位太浅。这两种情况都使建造坑式厕所、通风改良式厕所、水冲式厕所不易甚至不可能。而生态厕所可以完全建在地面以上，可以建在任何能造房子的地方，不会倒塌，不会影响附近建筑物的地基稳定，也不会污染地下水。

本书中叙述的绝大多数生态厕所都不需要昂贵的或高技术设备，能为建造者和收集尿和无害化粪的人提供工作机会。粪尿肥可以卖给农民或住户自己用于食物生产。围绕着生态卫生系统，特别在城市地区，一个完整的微型经济将可能得到发展。

8.2.3 对城市的好处

世界上半数以上的人口住在城市地区，到2030年预计会达到51亿，而增加人口的98%将在发展中国家[13]。中国在2004年城镇化率达到了41.7%，预计在2050年，城镇化将达到70%～80%，每年将有7.2～8.8亿人口从农村转移到城市[14]。

全世界城市住家和小区的供水现在遇到了越来越大的困难。许多城市中，水是配给的，一天只供应几小时。有钱家庭把水储存在大水池里，而贫苦人群只能在公共龙头前排长队等候他们每天的配给量。生态卫生系统可减少对短缺水资源的消耗，可能会形成贫富之间较为平等的水的分配。

生态卫生的一个主要优点是，它能比任何其他方法更快而可持续地增加厕所的覆盖面。市政府在提供全城居民的厕所覆盖面时，面临着越来越大的压力。即使政府部门有这样的愿望，由于缺乏水和/或资金（对冲洗—排放式系统）、或者由于空间缺乏和/或场地上的困难或地下水条件（对掉落—储存式系统），可供选择的方案也很少。新千年发展目标要在未来几十年里建设几百万座厕所。如果不推广生态厕所，则只能回过头去发展常规厕所，例如深坑式厕所和水冲式厕所。改进这些系统使之不污染土壤和地下水，需要发展能力建设。一般讲，第3章中所列举的生态厕所穷人也能支付得起，而且几乎不需要日常运行和维护费用。多数情形下，生态厕所不需要开挖，不依赖于水和管道网，即使在拥挤地区也能用。而且厕所只要管理得当就不会有异味，所以可以放在任何地方

(甚至在室内或楼上)。扩建下水道系统时,生态卫生也是一种价廉而有吸引力的替代方案。

最后,生态卫生系统能够、而且还有利于做到采用分散化的形式把城市废物转化为资源。保证城市卫生系统良好运行的负担,将从市政部门转移到小区一级。在那里居民能监督实际情况并直接采取必要的行动。市政部门的作用则转化为制定以保障公共健康为目标的规章制度(图 8-9)。

图8-9 一个拥有生态卫生系统的小区。每个住户有自己的建在房屋旁的脱水型或堆肥型厕所。厕所是尿分流式的，处理室用太阳能加热。市政工人收集尿和经过初级处理的粪以及厨房垃圾，并把他们运送到小区里的生态站。

参考文献

第1章　引言

1 UN-Habitat, United Nations Human Settlements Programme (2003) *The challenge of slums - Global report on human settlements 2003*. Earthscan Publications Ltd, London, UK.

2 United Nations (2002) *Report of the world summit on sustainable development*, 26 Aug - 4 Sept 2002, Johannesburg, South Africa. United Nations Publication, New York, USA.

3 WEHAB Working Group (2002) *A framework for action on water and santiation*. (United Nations World Summit on Sustainable Development)

4 WHO (2003) *WHO Report 2003 - Shaping the future*. WHO, Geneva, Switzerland.

5 United Nations (2002) ibid.

6 索丽生，(2003)，深入学习张掖经验 全面推进节水型社会建设试点工作，http://www.shuiziyuan.mwr.gov.cn/lingdao/det_frm.asp?SID=18

7 Matsui, S., Henze, M., Ho, G. and Otterpohl, R. (2001) Emerging paradigms in water supply and sanitation. In: Maksimovic, C. and Tejada-Guibert, J.A. (eds.) (2001) Frontiers in urban water management: Deadlock or hope. IWA Publishing, London, UK.

8 Barret, M. (2001) Groundwater and sanitation: Nutrient recycling and waterborne disease cycles. First International Conference on Ecological Sanitation, 5-8 November, Nanning, China. Available from: www. ecosanres.org

9 中国国家环保总局，(2005)《中国的城市环境保护》，http://www.sepa.gov.cn/eic/650501895399407616/20050602/8240.shtml

10 UN-Habitat (2003) ibid.

11 Simpson-Hébert, M. (2001) Ecological sanitation and urban sustainability. First International Conference on Ecological Sanitation, 5-8 November, Nanning, China. Available from: <www.ecosanres.org>

第2章　人排泄物的无害化处理

1 Schönning, C. and Stenström, T-A. (2004) Guidelines for the safe use of urine and faeces in ecological sanitation systems. EcoSanRes, SEI, Stockholm, Sweden.

2 Vinnerås, B. (2002) Possibilities for sustainable nutrient recycling by faecal

separation combined with urine diversion. (PhD thesis) Swedish University of Agricultural Sciences, Uppsala, Sweden.

3 Schönning, C. and Stenström, T-A. (2004) ibid.

4 ibid.

5 ibid.

6 Winblad, U. and Kilama, W. (1985) Sanitation without water. Macmillan, London, UK.

7 Morgan, P. (1999) Ecological sanitation in Zimbabwe: A compilation of manuals and experiences. Conlon Printers, Harare, Zimbabwe.

8 Schönning, C. and Stenström, T-A. (2004) ibid.

第3章　生态厕所实例

1 Winblad, U. and Kilama, W. (1985) Sanitation without water. Macmillan, London, UK.

2 Kodama, T., Harada, F., Muto, N., Morikubo, S. and Okamoto, H. (1955) The studies about parasite control in rural areas in Japan - the new type of pit privy to separate urine and stool. Yokohama Medical Bulletin, 6(2), April. Yokohama University School of Medicine, Japan.

3 Duong Trong Phi, Bui Chi Chung, Le Thi Hong Hanh and Harada, H. (2004) Report on Results of Ascaris suum tests to evaluate pathogen dieoff in fecal material inside the ecosan toilets built in Dan Phuong-Lam Ha-Lam Dong-Vietnam. Report to Ministry of Health, Hanoi, Vietnam, and JICA, Tokyo, Japan.

4 Winblad, U. (2002) Final report SanRes 1992-2001. (Report to Sida) Winblad Konsult AB, Stockholm, Sweden.

5 Lin Jiang. (2001) EcoSan development in Guanxi, China. Abstract volume, First International Conference on Ecological Sanitation, 5-8 November, Nanning, China. Available from: <www.ecosanres.org/Nanning>

6 Luo Daguang. (2001) Theory and practice behind the development of the ecological model villages. First International Conference on Ecological Sanitation, 5-8 November, Nanning, China. Available from: <www. ecosanres.org>

7 Black, M. (2001) Conference report - First International Conference on Ecological Sanitation, 5-8 November 2001, Nanning, China. Available from: <www.ecosanres.org>

8 ibid.

9 ibid.

10 Lin Jiang (2004) Personal communication.

11 NPHCC (2004) NPHCCO News Bulletin, No.3, 9 June 2004, Beijing, China. (in Chinese)

12 Van Buren, A., McMichael, J.K., Caceres, A. and Caceres, R. (1984) Composting latrines in Guatemala. Ambio, 13(4), 274-277.

13 Calvert, P. (1994) Environmental hygiene and sanitation. Socio Economic Units Foundation and International Union for Health Promotion & Education: Strategies and approaches for community-based initiatives, The 6th national conference of South East Asia Regional Bureau, December 1994.

14 Calvert, P. (1997) Seeing (but not smelling) is believing - Kerala's compost toilet. Waterlines 15(3), 30-32.

15 Calvert, P., Seneviratne, A., Premakumara, D.G.J. and Mendis, U.A. (2002) Ecological sanitation a success in Sri Lanka. Waterlines 21(1), July.

16 ibid.

17 Calvert, P. (1998) A positive experience with composting toilets in India - Kerala case study. Paper presented at the Center for Science and Environment Conference on Health and Environment, July, New Delhi, India, 1998.

18 Winblad, U. (2002) Ecological sanitation pilot project in Palestine - a project appraisal. Report to Department for Natural Resources and the Environment, Sida, Stockholm, Sweden.

19 Hills, L.D. (1972) The Clivus toilet - sanitation without pollution. Compost Science, Vol 13, No 3, Rodale Press, Emmaus, Pa, USA.

20 Winblad, U. and Kilama, W. (1985) ibid.

21 af Petersens, E. (2004) Personal communication.

22 Mena, J. (2004) Personal communication.

23 Winblad, U. and Kilama, W. (1985) ibid.

24 Moule, H. (1875) National health and wealth. W. Macintosh, London, UK. See also Poore, G.V. (1894) Essays on rural hygiene. London, UK.

25 Morgan, P. (2002) Ecological sanitation in Zimbabwe: a compilation of manuals and experiences, vol I-IV. Aquamor Pvt Ltd, Harare, Zimbabwe. See also <http://aquamore.tripod.com>.

26 UN-Habitat, United Nations Human Settlements Programme (2003) The challenge of slums - Global report on human settlements, 2003. Earthscan Publications Ltd, London, UK.

27 Winblad, U. and Kilama, W. (1985) ibid.

28 De Cal, I. (1984) Personal communication.

29 Brown, L.R. (2002) Water deficits growing in many countries. Earth Policy Institute. August, 6, 2002. Available from: http://earth-policy.org

30 Nilsson, S-I. (2001) Nutrient Recycling in Gebers Housing Project, Sweden, (Case study No. 4). Eco-Eng-Online. Available from: <http://www. iees.ch/cs/cs_4.html>

31 Svane, O., and Wijkmark, J. (2002) Nar ekobyn kom till stan - lardomar fran Ekoporten och Understenshojden (in Swedish). Formas, Stockholm, Sweden.

32 Further information available from: <www.flintenbreite.de> and <www.lambertsmuehle-burscheid.de>

第4章　设计和管理要点

1 Winblad, U. and Kilama, W. (1985) Sanitation without water. Macmillan, London, UK.

2 ibid.

3 ibid.

4 Sawyer, R. and Winblad, U. (2003) EcoSan Workshop in Osh, Kyrgyzstan, April 2003. Final report to UNDP.

5 Schönning, C. and Stenström, T-A. (2004) Guidelines for the safe use of urine and faeces in ecological sanitation systems. EcoSanRes, Stockholm, Sweden.

6 Moe, C. and Izurieta, R. (2003) Longitudinal study of double vault urine diverting toilets and solar toilets in El Salvador. Proceedings from the 2nd International Symposium on Ecological Sanitation, Lübeck, Germany, 7-11 April 2003.

7 Winblad, U. and Kilama, W. (1985) ibid.

第5章　养分的循环利用

1 King, F.H. (1973) Farmers of forty centuries: permanent agriculture in China, Korea and Japan. Rodale Press, Emmaus, PA, USA. (Originally published in 1909.) See also Winblad, U. and Kilama, W. (1985) Sanitation without water. Macmillan, London, UK.

2 Matsui, S. (1997) Nightsoil collection and treatment in Japan. Publications on Water Resources No 9. Ecological alternatives in sanitation. Sida, Stockholm, Sweden.

3 Slicher van Bath, B.H. (1963) The agrarian history of western Europe. Edward Arnold, London, UK.

4 Tarr, J.A. (1996) The search for the ultimate sink: urban pollution in historical perspective. University of Akron Press, Akron, Ohio, USA.

5 Schönning, C. and Stenström, T-A. (2004) Guidelines for the safe use of urine and

faeces in ecological sanitation systems. EcoSanRes, SEI, Stockholm, Sweden.

6 Morgan, P. (1999) Ecological Sanitation in Zimbabwe: A compilation of manuals and experiences Vol. I. Conlon Printers, Harare, Zimbabwe.

7 Wang, Rusong and Tang, Hongshou (2001) Appraisal of the pilot eco-san project in China. Unpublished report to the SanRes project, June 2001. See Winblad, U. (2002) Final Report SanRes 1992-2001. (Report to Sida), Winblad Konsult AB, Stockholm, Sweden.

8 Barrett, M. (2001) Groundwater and sanitation; nutrient recycling and waterborne disease cycles. First International Conference on Ecological Sanitation, 5-8 November 2001, Nanning, China.

9 Jacks, G., Sefe, F., Carling, M., Hammar, M. and Letsamao, P. (1999) Tentative nitrogen budget for pit-latrines - eastern Botswana. Environmental Geology 38(3), 199-203.

10 Environmental Protection Agency (1991) Drinking Water Regulations and Health Advisories. Office of Water, Washington, USA.

11 Food and Agriculture Organization of the United Nations (1995) Dimensions of need - An atlas of food and agriculture. Food and Agriculture Organization of the United Nations, Rome, Italy. Available from: <http://www.fao.org/docrep/U8480E/U8480E0D.HTM>.

12 Jönsson, H., Richert Stintzing, A., Vinnerås, B. and Salomon, E. (2004) Guidelines on use of urine and faeces in crop production. EcoSanRes, SEI, Stockholm, Sweden.

13 Jönsson, H., Eklind, Y., Albihn, A., Jarvis, Å., Kylin, H., Nilsson, M-L., Nordberg, Å., Pell, M., Schnürer, A., Schönning, C., Sundh, I. and Sundqvist, J-O. (2003) Samhällets organiska avfall - en resurs i kretsloppet (In Swedish). Fakta Jordbruk No. 1-2, Swedish University of Agricultural Sciences (SLU), Uppsala, Sweden.

14 Palmquist, H. and Jönsson, H. (2004) Urine, faeces, greywater and biodegradable solid waste as potential fertilisers. In: Ecosan - closing the loop. Proceedings of the 2nd International Symposium on Ecological Sanitation, Incorporating the 1st IWA Specialist Group Conference on Sustainable Sanitation, 7th-11th April, Lübeck, Germany.

15 Jönsson, H., Stenström, T-A., Svensson, J. and Sundin, A. (1997) Source separated urine - nutrient and heavy metal content, water saving and faecal contamination. Water Science and Technology, 35(9), 145-152. -Other researchers have found that the addition of acid inhibits the initiation of the decomposition of urea. The acid should be added before the decomposition starts, see Hanaeus, A. et al. (1996) Conversion of urea during storage of human urine. Vatten 52, 263-270, Lund, Sweden. A Vietnamese researcher recommends the addition of superphosphate to

prevent the evaporation of ammonia, see Polprasert, C. (ed.) (1981) Human faeces, urine and their utilization. ENSIC, Bangkok, Thailand.

16 Johansson, M. (ed) (2000) Urine separation - closing the nutrient circle. Final report on the R&D project: Source separated human urine - a future source of fertilizer for agriculture in the Stockholm region? S-M Ewert AB, Stockholm, Sweden. Available from: <http://www.stockholmvatten.se/pdf_arkiv/english/Urinsep_eng.pdf>

17 Morgan, P. (2002) Ecological Sanitation in Zimbabwe: A compilation of manuals and experiences Vol. IV. Aquamor Pvt Ltd, Harare, Zimbabwe.

18 Morgan, P. (2003) Experiments using urine and humus derived from ecological toilets as a source of nutrients for growing crops. Paper presented at 3rd World Water Forum, 16-23 March 2003, Kyoto, Japan. Available from: <http://aquamor.tripod.com/KYOTO.htm>

19 Ongoing reserach under professor Saburo Matsui, Graduate School of Global Environmental Studies, Department of Technology and Ecology, Kyoto University, Japan.

20 Båth, B. (2004) Personal communication.

21 Morgan, P. (2003) ibid. See also: Steinfeld, C. (2004) Liquid gold - the lore and logic of using urine to grow plants. Green Frigate Books, Sheffield, Vermont, USA.

22 Jönsson, H. et al. (2004) ibid.

23 ibid.

24 Morgan, P. (2002) ibid.

25 Morgan, P. (2003) ibid.

26 Morgan, P. (2002) ibid.

27 Jönsson, H et. al. (2004) ibid.

28 Winblad, U. (1992) The productive homestead. Report to Sida. Winblad Konsult AB, Stockholm, Sweden.

第6章　灰水

1 Oldenburg, M. (2003) Personal communication.

2 Stenström, T-A. (1996) Sjukdomsframkallande mikroorganismer i avloppssystem. (Rapport No. SNV 4683). (In Swedish) Naturvardsverket, Socialstyrelsen och Smittskyddsinstitutet. Stockholm, Sweden.

3 Ottosson, J. (2003) Hygiene aspects of greywater and greywater reuse. Royal Institute of Technology/SMI, Stockholm, Sweden.

4 Swedish Environment Protection Agency (1995) Vad innehåller avlopp från hushåll? (Report No. 4425) (In Swedish) Swedish EPA, Stockholm, Sweden. (In Swedish)

5 Vinnerås, B. (2001) Faecal separation and urine diversion for nutrient management of household biodegradable waste and wastewater. (Report No. 244) Swedish University of Agricultural Sciences, SLU, Uppsala, Sweden.

6 Eriksson, H. (2002) Potential and problems related to reuse of water in households. (PhD Thesis) Technical University of Denmark, Lyngby, Denmark.

7 Adapted from Ludwig, A: <http://www.oasisdesign.net>.

8 Ziebel, W.A., Anderson, J.L., Bouma J. and McCoy E. (1975) Faecal Bacteria: Removal from Sewage by Soils. (ASAE Paper No.75-2579). American Society of Agricultural Engineers, St. Joseph, USA.

9 Swedish EPA (1987) Små avloppsanläggningar. Allmänna råd 87:6. (In Swedish)

10 Stevik, T.K., Ausland, G., Jenssen, P.D. and Siegrist, R.L. (1999) Removal of E. coli during intermittent filtration of wastewater effluent as affected by dosing rate and media type. Water Research 33(9).

11 Dilov, C., et al (1985) Cultivation and application of microalgae in the People's Republic of Bulgaria, production and use of micro-algae. Conference Proceedings. Trujillo, Peru.

12 Kindvall, I. and Ridderstolpe, P. (1989) Vattenbruk, vattenrening och resursåtervinning- en litteratursammanställning. Royal Institute of Technology, Stockholm, Sweden. (In Swedish)

13 Feachem, R., McGarry, M. and Mara, D. (1980) Water waste and health in hot climates. J Wiley, London, UK.

14 Zweig, R.O. (1985) Freshwater aquaculture in China: ecosystem management for survival. Ambio 14(2).

15 Feachem, R. et al. (1980) ibid.

第7章　规划、宣传和支持

1 Winblad, U. and Kilama, W. (1985) Sanitation without water. Macmillan, London, UK.

2 Srinivasan, L. (1990) Tools for community participation: A manual for training trainers in participatory techniques. PROWWESS / UNDP, New York, USA.

3 Sawyer, R., Simpson-Hébert, M. and Wood, S. (1998) PHAST step-by-step guide: a participatory approach for the control of diarrhoeal disease. (WHO/EOS/98.3), Participatory Hygiene and Sanitation Transformation Series, WHO, Geneva, Switzerland.

4 Fondo de Inversion Social (1994) Diagnostico y recomendaciones proyecto letrinas aboneras, operaciones BID I y II, San Salvador, El Salvador.

5 Fondo de Inversion Social, Unicef and Ministry of Health (1995) Unpublished evaluation of the pilot project on the hygiene education module, San Salvador, El Salvador.

6 WHO (Martinez, J. and Simpson-Hébert, M.) (1992) Improving water and sanitation hygiene behaviours for the reduction of diarrhoeal disease. (WHO/CWS/93. 10), Geneva, Switzerland.

7 Van der Meulen, R.J., Moe, C.L. and Breslin, E.D. (2002) Ecological sanitation in Mozambique: baseline data on use, perceptions and performance. Department of International Health, Rollins School of Public Health, Emroy University, Atlanta, Georgia, USA.

第8章 未来展望

1 Further information available from: <www.bleriot.org>.

2 UN-Habitat, United Nations Human Settlements Programme (2003) The challenge of slums - Global report on human settlements 2003. Earthscan Publications Ltd, London, UK.

3 For up-to-date information on the China-Sweden Erdos Eco-town Project see: <www.ecosanres.org>.

4 Mårtensson, H. (1996) Biologiska toaletter och komposter. (In Swedish). AB Svensk Byggtjänst, Stockholm, Sweden.

5 Matsui, S. (1997) Nightsoil collection and treatment in Japan. Publications on Water Resources No 9, Ecological alternatives in sanitation. Sida, Stockholm, Sweden.

6 Ludwig, C., Hellweg, S. and Stucki, S. (eds) (2003) Municipal solid waste, strategies and technologies for sustainable solutions. Springer, Berlin, Germany.

7 Anthony, R. (2003) Reduce, reuse, recycle: The zero waste approach. In: Ludwig, C., Hellweg, S. and Stucki, S. (eds) (2003) Municipal solid waste, strategies and technologies for sustainable solutions. Springer, Berlin, Germany.

8 See endnote 3.

9 Ramos Bustillos, L.E., Cordova, A. and Sawyer, R. (2003) Legal constraints and possibilities for ecological sanitation in Mexico - constructing a regulation for the Municipality of Tepoztlán. VERNA Ekologi AB, Stockholm, Sweden.

10 Strong, M. and Arrhenius, E. (1993) Closing linear flows of carbon through a sectoral society - diagnosis and implementation. Ambio, 22(7).

11 WHO (1997) Strengthening interventions to reduce helminth infections. WHO, Geneva, Switzerland.

[12] Brown, L. R. (1998) State of the world 1998. Norton, New York, USA.

[13] The World Bank (2000) World Development Report 2000/2001 - Attacking poverty. The World Bank, Oxford University Press, Oxford, UK.

[14] 中国国家环保总局，(2005)《中国的城市环境保护》，http://www.sepa.gov.cn/eic/650501895399407616/20050602/8240.shtml

索　引（以中文拼音首字母排列）

S

T

W

X

Y

Z

作者简介

PAUL CALVERT（2004 年版）

工程师－发明人

开展社会和环境有关问题方面的工作。为印度（1994 年）和斯里兰卡（2000 年）便后水洗者研制了生态厕所。现为城市和农村生态卫生生态技术方案的咨询专家。

STEVEN A. ESREY（1998 年版）

营养流行病学家

水和卫生措施的全球影响比较研究。

为在美国纽约的联合国儿童基金会（Unisef）工作直至 2001 年 12 月逝世。

JEAN GOUGH（1998 年版）

卫生工程师

在中美洲和印度实施水和卫生计划。现为东加勒比 Unisef 代表。

PETER MORGAN（2004 年版）

环境科学家

从事非洲农村可持续发展的研究与发展。现进行园艺上循环再利用人尿和粪方面的研究。

DAVE RAPAPORT（1998 年版）

环境活动家

在太平洋岛屿国家为绿色和平组织和清洁发展中心实施卫生项目工作。现为一项可再生能源项目的开发者。

ARNO ROSEMARIN（2004 年版）

水生植物学家

研究淡水和海洋水中的富营养化和磷及氮代谢作用。生态卫生研究（EcoSanRes）计划的经理和斯德哥尔摩环境研究院交流部主任。

RON SAWYER（1998 年版和 2004 年版）

社会学家

联合国发展计划署/Prowess 项目和世界卫生组织/世界银行发起的 PHAST 方法的研制者。现为墨西哥 SARAR 转化 SC 的国际顾问。

MAYLING SIMPSON-HÉRBERT(1998 年版和 2004 年版)

医学人类学家

从事全球卫生方面的推动工作，包括编辑世界卫生组织/供水和卫生合作中心/瑞典国际合作发展署的书“卫生事业推动”以及研制世界卫生组织/世界银行发起的 Phast 方法。现为埃塞俄比亚阿迪斯亚贝巴健康和卫生推动项目的国际顾问。

JORGE VARGAS（1998年版）

经济－社会学家

在哥斯达黎加实施房屋计划，从事发展研究。

UNO WINBLAD（1998年版和2004年版）

建筑师－规划师

城市可持续发展的研究和开发。现为瑞典斯德哥尔摩国际环境研究院中国内蒙古中国－瑞典生态城镇项目顾问。

JUN XIAO（2004年版）

微生物学和生态学学者

水和卫生研究与开发。现为斯德哥尔摩国际环境研究院中国内蒙古中国－瑞典生态城镇项目的项目经理。